JN105068

私とマヤナッツ

魂の伴侶のラブストーリー

大田美保 Miho Ota

南方新社

魂の伴侶のカルロス。

掲載写真は、著者が写っているもの以外は全て著者撮影です。

はじめに

まず、マヤナッツのことをまったく何も知らない人のために、その説明から始めよう。

マヤナッツとは、古代マヤ文明の人々が食していたグアテマラの熱帯林に自生しているラモンの実のことである。現地ではラモンと呼ばれているが、日本で事業を始める時に私が〝マヤナッツ〟と命名したのである。

マヤナッツの事業を始めた当初から、マヤナッツのことを知ってもらうための書籍が必要だと思っていた。

しかしながら、当時の私は今よりさらに文章作成が苦手だった。

インタビューや講演内容を書き起こして書籍化する案もあったが、現実化しなかった。

一〇年後、私が自力で原稿を書くことになろうとは夢にも思わなかった。

そして、今だからこそ、マヤナッツ本を出版し、広く普及させる意味があるという気がしている。


この本は、マヤナッツの普及という重要課題を受け取る前の私がどのような人生を送っていたのか、そして、どのようにその課題を受け取ったのかをお伝えしたいと思う。

さらにその後、苦悩の中でどのように行動を起こし、人々とつながり、日本では無名な〝マヤナッツ〟を普及させていったのかを綴っていく。

そして本文には私自身のプライベートな内容や、くどいほどの心の変化とプロセスを書いている。その理由は、この本が私とマヤナッツの変遷を知ってもらうのみならず、私の中に起こった変容を読者が共に体験することで、読者自身の中に閉じ込められている記憶と意識に変容を起こすという目的があるからなのだ。

実際に、二〇一九年六月から、私はお話会のスタイルを変え、パートナーとの紆余曲折を含んだ内容をトークしてきた。

すると聴き手の反応が大きく変わってきたのを感じた。

聴き手はストーリーの起承転結よりも、私の人生の中に起こった苦悩、失意、嫉妬……。様々な紆余曲折に伴う〝くどくどと書かれている部分〟にこそ、共感し感動を持って感想をくれたのだ。

そして、ただ共感するだけでなく、彼女たちは私の苦悩の変化を自分の人生に照らし合わせて聞いていた。ときには、「心の奥深くに閉ざしていた未消化の辛い体験が癒され、新たな光を見出し、希望に向かって進める」と、具体的な言葉で語ってくれた。

それこそが超大作になってしまった原稿を書いた目的だった。

私は自分の変容と進化の赤裸々な部分を隠さず公開することで、みんなの中にある足かせになっている意識の解放を促し、本来携えている魂の意図に向かってスタートするきっかけを作っているのだ。

個々人が自分の魂の願いのまま生きることは、マヤナッツ摂取でも起きる変容である。

マヤナッツは森を守るためだけでなく、人々の意識を感化するためのスピリチュアルフードでもある。

その点においては、この本と同じ目的を秘めている。


今になって分かったことだが、マヤナッツは最初から意図があって私を守り導いていた。

私の頭脳レベルを超えたところで、大きな宇宙規模の計画がなされており、私は自分の深い所からくる衝動に突き動かされて行動していた。

だからこそ、伝えることの深みが増すのではないか？　やり始めの頃の私では、今の一％ぐらいしか伝えられなかっただろう。

どの人にも、ここに誕生する時から自分が持ってきた計画というものがあると思う。

それを遂行するには、肉体を持ったものとして時間に限りがある。

限られた自分の生命の中で持ってきた課題、使命を全うできるかどうかは、すべて今の私たちにかかっている。


マヤナッツはそれを私たちに促しているのだ。一歩踏み出すことを、皆の使命に気づくことを、個々の魂が地上に携えてきた私たちの課題を少しでも進めることを。

私は燃えている森を見た時に「このままではいけない。もう時間はない」と、痛烈に感じた。

それがどうしていいか分からなかった私に、大きな一歩を踏み出すきっかけを与えてくれた。森は自ら焼かれて、踏み出せない私にそれを差し出してくれたのだ。

どれだけの痛みを伴うことだっただろう。森も大地も自らの生命を差し出し、私を動かせるかどうかの賭けにでたのであろう。

もし、その時に私が動かなかったとしてもまた、次々と私に、自らが痛みを伴い違う形でも見せてくれたのだろう。

思えば、その年のグアテマラ滞在中に、私は何回も煙がたなびくのを見せられた。

「あ、また、森が焼かれている」と、その度に心が痛くなったのを覚えている。あの衝撃のシーンを忘れさせないように遠くでも焼かれている煙を見せてくれたのだ。

それによって、私はようやく、私には受け入れ難いほどの大きな使命を受け取り、行動へと進んで行くことになったのだ。

この本はスピリチュアルとは何か?を追究して考え、ビジネスとの融合の模索を記録した、実話ドキュメンタリーだ。

私が歩んだ〝マヤナッツ・ストーリー〟を皆様にシェアできることを、とても嬉しく思う。

私とマヤナッツ　魂の伴侶のラブストーリー ―― 目次

私とマヤナッツ　魂の伴侶のラブストーリー

第1章　普通の人生からのドロップアウト

1　今とつながる私の小さかった頃

私のリアル物語をスタートさせるにあたり、幼少期のことを短くお伝えしようと思う。

私はよく勉強が出来て社会的なことに関心を持って将来こんなことをしたい！というのは何もないまま大人になった。今だから思うのは、感受性だけは誰からも取り上げられず隠し持ってきたのかもしれない。

そうはいっても自分の独自感覚を認められずに成長した。これは、私にしかないもので大事にしていいのだ、と、ある時から思えるようになったことが大きいかもしれない。

しかし、私の核になる部分は今でも変わらない。

小さい頃の私は人見知りで、その上怖がりで、よそに遊びに行くよりも一人で遊ぶのを好んだ。家に親族が集まると、私は顔を合わせるのが怖くて見えないところに隠れていた。保育園が嫌いで毎回泣きやまず、親に諦められて保育園をやめることができた。

小学校低学年の頃は、学校が何をするところなのか分からず、あまり多くの記憶がない。ある日教室にいると誰もおらず私ひとり。窓を見るとみんなが外にいた。その記憶だけが強烈に残っている。机には、教科書を置いたまま、時間割や宿題があることも分かっていなかった。当然勉強は出来ないし、手を挙げて発表など論外、トイレに行きたいというのさえも言えず教室でお漏らしをすることとさえあった。

中学、高校の頃は、特に何かした覚えはないのに、先生から授業中「こら、大田！　出て来い！」。バチン！とビンタが飛んできた。

なぜ怒られるのか？　理解が出来なかった。その場の空気を読めず無邪気に好き勝手にふるまっていたのだろうか。何か特に秀でたところもない、落ちこぼれだった。

私は三姉妹の長女だったが、成長するにつれ、父は私には厳しく、私の言うことは否定され、度々怒鳴られ、悔しくて隠れて泣いていた。そうした成長期を過ごす中で自分の感情を外に出すことを諦め、押し殺すようになっていった。

今も集団行動や見知らぬ人が多勢いる場所に行くことは苦手だ。小さい時から算数は苦手、数字がでると頭がフリーズする。ビジネスをする上では致命傷。さらに方向感覚がない。それでも旅はする。

かなりのあがり症で、人前で話すことはまったく出来なかった。自分の意見や気持ちを伝えて来なかったので、表現力が身に付いていない。書くのも話すのも苦手で人に説明することが極めて困難だった。

こうして振り返ると、私の根っこは何も変わっておらず、人見知りで怖がりのまま大きくなった。苦手なことを克服したというよりは、勇気を出して飛び越えるしかなかった。

けれどもマヤナッツと出会ってから、私の魂から湧いてくる衝動や、未知なるものに対するワクワク感は、バンジージャンプをするような怖れさえも越える価値があると思えるようになった。恐怖を越えた先にはいつも計り知れない喜びがあるのを確信できた。

現時点でもやっていることは同じ。

ただそれを積み重ねてきた軌跡と奇跡の連鎖が私の人生なのだ。

2　アパレルデザイナーだった私の転換点

私は、高校を卒業して東京で服飾デザインの勉強をした後、福岡のアパレル会社に就職した。婦人服の小さなブランドで、企画、デザイン、パターンなど全般的な仕事をしていた。

時は一九八〇年代バブル全盛期。毎日残業をして、終わったらみんなで飲んで食べて翌朝仕事に行くという生活で、エネルギーのほとんどを仕事に使っていた。

私は新しい物を創り出す仕事が好きだったが、心身共に疲弊していた。

そんな時、父から「母さんが入院したので家に戻ってきてくれんか?」と電話があった。威厳のある父の弱々しい声に驚いた。それほど迷うこともなく仕事を辞めて実家に帰った。私が戻る頃には、母はあっさり退院をして自宅療養となり、なぜか私のお見合いがセッティングされていた。騙されたような気持ちがしたが仕方なくお見合いをして、お断りした。二十代初めの頃から、両親は私にお見合いさせて、結婚させたがっていた。それは、自分たちが安心するためだった。

私は、親に勧められるまま何回か応じたが、自分の意志ではない未来にワクワクが感じられなかった。ただ、親の気持ちを汲むつもりで試しただけだった。

そうはいっても両親の期待に応えられない申し訳なさと、自分に嘘をつくこともできずやるせない気持ちが渦巻いていた。


実家は母が酒屋を営み、父は会社勤めだったので私は家業と家事手伝いをすることになった。母も元気になってくると、私の助けをそれほど必要としなくなった。

私は徐々に外出も減り、人とも会わなくなった。自分の中にどこにもやり場のない怒りが現れ、楽しみを何も感じられなくなり、生きるのがどうしようもなく苦しくなってきた。

こうして内に閉じこもってしまった。

時々怒りがこみ上げたかと思うと、突然悲しくなっては泣き、感情のコントロールができなくなった。

そうこうしていると朝起きるのも辛くなり、死ぬことしか考えられなくなってしまった。

もしその頃に病院に行っていれば、うつ病と診断されただろう。けれど、病院に行くということさえ思いつかなかった。

そういう病気があることも知らなかった。そんな私を親はどうしていいか分からず、手をこまねいていたことだろう。


その頃の私は、自分がこうなったのは両親のせいだと思っていたから、ことあるたびに両親にあたり、暴言を吐いた。

自分の小さな世界の中で周りのことは何も見えなくなっていた。この苦しい状態から抜け出せたのは、勤めていた頃から願っていたインド行きが希望の光の如く遠くに見えていたからだった。

何度かインド行きを試みたが、自分の中の怖れもあり、その度に親が入院するということが生じて中断していた。

最終的に行く決意が出来たのは、次女にあたる妹も一緒にインドへ行くことになったからだ。

この時も出発近くになると親が再び入院したが、もう延期せずに行くことを決意した。

親を取るか、自分自身を取るかの、ギリギリの選択だったと思う。

ようやく狭い籠の中から、インドへ飛び立つことが出来たのだ。

3　インドへの脱出と価値観の崩壊

一九九〇年二月インドはカルカッタへ着地した。空港で乗ったタクシーが猛烈なスピードで走り、レースさながら、前の車を次々に追い越す運転に生きた心地がしなかった。目的地のサダルストリートに降りた時にはぎょっとした。夜で暗く分からなかったが、通りには人だか動物だか分からない何かが動めく気配がした。道は狭くて汚く、ぷーんとすえたような匂いがした。おまけに泊まる宿も小汚くて、とても心細くなった。

翌朝外に出てびっくりした。夕べなんだか分からなかったものは人だった。路上で壺や身体を洗っている。食事らしきものを作っている。「この人たちはここで暮らしているんだ！　とんでもないところに来てしまった！」。それが初めてのインドの印象だった。

籠の中から必死の思いで脱出したインドだったが、何もかも怖くてビクビクしていた。初めての場所を一人で歩くのも知らない人と話すのも怖い。物売りから話しかけられるのも、路上で暮らす人も、乞食が手を差し出して物乞いされるのもすべてが怖かった。

「どうしてこんなところに来てしまったのだろう？」と、思った。

一緒に来た妹はすぐにいろんな人に話しかけ仲良くなって、さっさとこれからの行き先など決めている。

最初のうちは妹と一緒に行動していたが、ある時から全く別な地域へ行くことになってしまった。

一人になることは、とても怖かった。全然知らない世界に置いてきぼりにされるような気持ちだった。


カルカッタからデリーへ行き、そこから一人でラジャスターン地方へ行った。

砂漠の乾いた大地に色鮮やかなサリーを纏《まと》った女性の農民たちが目についた。

私は、灼熱の太陽に朦朧としながら、ラクダに揺られた。

ところが、一人になってからの方が俄然面白くなってきた。

困ったことになってもいつも助けてくれる人が現れる。そんなことが起こる度に感動する。

話しかけるのも怖かった旅人や話しかけられると騙されるのではないかと思えていたインド人が神様に見える。そんな想定外の出来事にハラハラしながらもどうにかなっていることに驚く。

妹とはベナレスで合流した。その時には、少し成長したような気持ちになっていた。


この後、妹と一緒にネパールへ行った。その道中に思わぬことが起きた。ベナレスからネパールポカラまでの途上で休憩時に私ともうひとりの日本人の二人だけバスに置いていかれたのだ。ここで妹とはぐれてしまった。

仕方なく別なバスに乗ってポカラを目指すことにしたものの、乗客も運転手とも言葉が通じず、バスは、ローカルバスで度々停まるので、ゆっくりとしか進まなかった。

バスは夜に山間部の明かりも乏しい村に着いた。これ以上先に行くバスもなく、選択の余地なくひなびた宿に泊まった。そして翌日再びポカラ行きのバスに乗り込み、途方もない時間をかけてようやくポカラのバスターミナルに着いたのだ。

心配して迎えに来てくれた妹の顔を見た時は心底ほっとしたと同時に、大冒険してようやくたどり着き、違う自分になった気分だった。

何もかもが怖かった私が、知らないところに一人で行き、インド人から助けてもらい、ハプニングが起こってもどうにかなることを体験し、そのことさえも、楽しんでいる自分に心底驚いた。

インドからネパール、再びインドに戻ってきた時には、あれだけしつこくて嫌だったインドの物売りが、懐かしく楽しいとさえ感じられた。

乞食も路上生活者も、普通の生活を捨てて隠遁生活をおくる聖者も、その中に神という存在の大きさが計り知れなくあった。

料理を手づかみで食べる習慣も、トイレで紙を使わず水で洗い清める行為も、しつこく物を売り込んでくるたくましさも、路上でぎらぎらする目で手を出してくる物乞いも、すべてが強烈だった。

僧侶から路上で暮らす人まであるカースト、熱心に祈る神々への信仰の強さ、過酷な自然の中で暮らす人々、世界観の違いにガツンと頭を殴られたような衝撃だった。インドで体験したことは、小さな狭い籠の中からもがくように出てきた私には、今までの価値観がガラガラと崩れ落ちて生まれ変わったような、そんな旅だった。

今までアパレル世界の中で常に新しいファッションを追いかけ、大量生産、大量消費をするサイクルの中にいたことも遠い過去のように感じた。

第2章　私の人生を変えた中南米。ときめき満載の旅

1　ペルーでドロボウに！

インドから帰国後、東京の民芸品輸入をしている会社に就職したものの、インドの旅は強烈で、また旅に出たい気持ちが渦巻いていた。

インドで出会った旅人Yちゃんから「南米に買い付けに行くから一緒に行かない？」と誘われ、ふたつ返事で会社を辞めて旅に出た。

帰国から一年後の一九九一年二月、私は二七歳になった。イラク戦争が始まった頃だった。

成田から北米ロスアンジェルス経由で南米のエクアドルへ飛び、そこからペルーへと陸路で南下した。

その頃はインターネットもなく、情報は行く先々の情報ノートが頼りだった。

ペルーの首都リマの安宿の情報ノートには、身の毛がよだつ恐ろしい出来事が連ねられていた。例えば、ドロボウたちに狙われたらどんな強者も太刀打ちできない。狙われたら最後、あの手この手で数人がかりで襲ってくるので、おとなしく現金を渡した方がよい。ペルーのドロボウはピストルを持たず、現金や金目になるものが欲しいのでケチャップや辛子を使ってくることもあると書かれていて笑えた。

しかし、どんな手であろうがこれらの記述に怯えてしまった。

慣れない旅人だったので、狙われないようにするために、まずは、目立たない服装にし、時計もアクセサリーも外した。お金は幾つかに分けて持った。

しかし、どんなに用心していても予期せぬ形でそれは起きた。相手はプロフェッショナルなドロボウなのである。

ナスカから夜行バスに乗ってアレキパという街のバスターミナルに早朝着いた。私は寝不足でふらふらの上に重いバックパックを背負っていた。

安宿を探してようやく決まった宿のカウンターでチェックインしていた時、一瞬荷物を体から離した。

名前を書き終わった後、私の後ろにあったはずの荷物が見当たらなかった。

手を尽くして探してみたが、出てこなかった。そういえば、ホテルのロビーで身なりのいい男が私に話しかけてきた。気づいたらその男は消えていた。

後で聞いたところによると、プロのドロボウは、外国人が降り立つバスターミナルで待っているそうだ。ずっとつけられていたのだと思うと悔しくて、泣けてきた。

何もなくなり、ショックで日本にもう帰ろうかと落ち込んでいたが取られたものは、出てこない。


身の回りの物はなくなったが、お腹に巻いていたお金とパスポートは無事だった。

ポケットに入れていたスペイン語会話集も手元に残った。

大事なバックパックを盗られて気づいたことは、身軽になったこと。

これは、何を意味するのか？　旅を続けなさいということか？

もう重い荷物を背負わなくてもいい。

もう、ドロボウに狙われることにビクビクしなくていい。

後は、この命を守るだけ。


今まで暗雲に覆われ、どんよりとしていた気持ちが一変して身も心も軽くなった。市場（メルカド）に行き、メルカドバックを手に入れ、歯ブラシと着替えを買って、まるで買い物に行くような気軽さで旅を続けられる準備ができた。

これは、私にとって、背中に厚くこびりついていた瘤《こぶ》が取れたかのような軽さだった。

今まで持っていた物がなくても生きていける。大事にしていたカメラも、服も、日記もなくなってみれば、代わりになるものはある。

撮影した写真も、書いた日記の内容も、必要なことは脳裏にとどめているだろう。

必要な物は、実のところ大してない。

この体とパスポート、幾ばくかのお金があれば、どうにでもなるのだ。


この体験で私はまた強くなり、ドロボウへの怖れと物への執着から解放された。

そして、大事なことを学んだのだ。

生きることに多くの物はいらない。守る物がない方が生きることは楽なのだ。

シンプル イズ ベスト。

2　南米からマヤの地へ、高鳴る私の心

ペルーでドロボウにあった後の私は、心身共に身軽になって、旅を続けた。

クスコ、マチュピチュ、プーノ、チチカカ湖、ボリビアの首都ラパスまで南下して、その後ペルー、エクアドルと北上して行った。

Yちゃんは、仕事で民芸品を買い付けに来ていたので、リサーチ、買い付けの仕方など私はそれを見ながら学ぶことができた。

ペルー、ボリビアのケチュア族、アイマラ族の渋い色合いの民族衣装や織物を見て心が躍った。

エクアドル、オタバロ村の市場で見つけた竜舌蘭《りゅうぜつらん》の繊維で編まれたかごには狂気した。

私は、その土地にしかない手工芸品に触れるたびに、その民族の仕事と暮らしに深い感銘を受けた。

南米の主要な民族の商品の買い付けの旅が終わり、Yちゃんは日本に戻り、私は一人旅を続けることにした。

とはいえ、スペイン語はほとんど話せないので、不安は大きかった。

しかし、そのまま日本に帰りたくなかった。

旅の途中で人から勧められたグアテマラという国へ行ってみたかった。怖さより、好奇心の方が強かったのだ。

エクアドルから北上して行けばいつか着くだろう。

コロンビアの首都ボゴタは、今まで行った南米の中では最も洗練された都会だったが、妙に怖かった。

それなのに、無謀にも声をかけられたアジア系の人の家について行った。

この人は大丈夫だという直感に従ったものの、道中、変なところに連れて行かれて戻れないかもしれないと妄想が膨らんだ。

車の中にはピストルもあり、護身用だといったが、見せられた時は、どうしようかと思った。

しかし、結果はアジア系の私を見て親切にしてくれた気のいい人だった。

その人のお母さんが日本語を話し、ラーメンを出してくれた時は、驚くとともにホッとした。

怖がりなのに無謀で、今まで命があったのは、とても大きなものから守られていたからだと思う。


パナマは治安がよくないのと、ビザが必要なのでコロンビアのサンタマルタ島経由のコスタリカ行き飛行機チケットを買ってコスタリカへ飛んだ。

コスタリカ、ニカラグア、ホンジュラス。そしてめざすグアテマラへとパンアメリカンハイウエイをバスで北上し、国境を越えて行った。

中米にこのような国々があることを、行く前にはまったく知らなかった。

ニカラグアのマナグアは首都だが、店もビルも数えるほどしかなく、ビルには銃弾の後が残っていた。

これほど殺風景な首都があるのかと思った。内戦後の貧しさがあった。

バラック小屋が整然と並ぶ場所を目にした時は驚いた。

子供たちは学校に行き、明るい。貧富の差があるのではなく、みんな貧しいので悲壮感がない。

インドとは違うカルチャーショックをうけた。

ニカラグア、ホンジュラスを最短日数で駆け抜け、国境を越えてグアテマラの首都グアテマラシティを経由して、アンティグアという街にバスで着いた。

アンティグアは高地で、日差しは強いものの空気は爽やかだった。

何かが違って感じられたのは、圧倒的にマヤ先住民族が多く暮らしているからだった。今まで通ってきた中米では民族衣装を着た先住民族に出会わなかったことに気づいた。マヤ先住民族の人たちが、色鮮やかで繊細な柄の織物の衣装を纏《まと》っている。それを見ているだけで胸が高鳴ってくる。

バスを降りた途端、客引きにホームステイ先とスペイン語学校がセットになっているところに連れて行かれた。

何も考えずに、泊まる場所とスペイン語学校が確保出来たのだ。この国に入ってから、今までとは全く違う心地よさと安心感、そして、これから一体何が起きるのかワクワクする感覚があった。

ここから私の世界が一変した。

3　私の人生を変えたグアテマラ&カルロス

グアテマラとカルロス（仮名）との出会いが、後々私の人生にこれほど深く関わりのあるものになろうとは想像もしていなかった。

私のアンティグアの滞在先は、グアテマラ人家族の一室だった。スペイン語学校とホームステイがセットになっていて、当時一週間で五五ドル(約七六〇〇円)。朝食と夕食も含まれての値段だった。今から考えると驚くほど安かった。長期滞在するベースがここに用意されたのだ。

スペイン語を毎日四時間から五時間マンツーマンで、基礎と会話を一カ月ほど勉強した。

スペイン時代の面影を残すこの街はこぢんまりとして、道は石畳で、通りは碁盤の目に作られていた。

街の北側には富士山に似たボルカン・デ・アグア(水の火山)という山があった。

道行く人は知らない人でも目が会うと挨拶を交わす親しみを感じる街だった。

私は、この街に空気のように馴染んでいった。

街には、近隣の村から来た緻密で色鮮やかなウイピル(民族衣装)を着たマヤ先住民の女性たちが歩いていた。村によって違う柄のウイピルに出会うだけで心がときめいた。

週に三回開かれるメルカドの日には多くの先住民たちが、村で収穫した野菜やフルーツなどを大地の上に広げて売っている。

「トマトはどう? 安くするよ」と声をかけてくる。

色鮮やかな花や香辛料、薬草、日常的な道具や衣類まで何でもある。

歩いているとトルティーヤを焼く香ばしい匂いが漂ってくる。

メルカドには常設の食堂もあり、アルメルソ(ランチ)は、スープとメインディッシュとトルティーヤと飲み物がついて一〇ケッツアル(約一三〇円)程度だった。

アンティグアには、その頃日本食レストラン〝禅〟があり、滞在中の日本人が集まっていた。

北米から中米を経て、南米へ行こうとする若者がここアンティグアに立ち寄り、その中にはあまりの居心地よさに沈没する人たちがいた。私もその一人となるのに時間がかからなかった。

カルロスとの最初の出会いはここからだった。

ある日、私のスペイン語の先生の送別会があるというので誘われて行った。

グアテマラ人がほとんどの集まりだった。

その時に「シレンシオ！（静かに）」と言い、みんなを注目させて、即興で詩を語り始めた人がいた。

彼は小柄だったが、台の上に乗り、まるで俳優のように情感たっぷりで演じるのでみんな真剣に聞いていていた。

私は言葉の意味はよく分からなかったが、詩を演じるように語るのを初めて見て、心が奪われてしまった。それがカルロスだった。

その約一カ月後、街を歩いている時に再び、カルロスと会った。

最初に会った時の彼よりやつれた感じで、同じ人だと思えなかった。

私が最初に彼に出会ったあの日、深夜のレストランで強盗にあい拳銃を向けられた友達の盾になり撃たれたのだ。

命を危うく落とすところをようやく生還し、療養中の身だったのだ。

生き延びてくれたことを喜び、そのタイミングで偶然会えたことも嬉しかった。

驚いたことにその瞬間、私は恋に落ちていた。

彼には理屈では説明できない親しみを感じ、不思議なほどオープンになれた。

彼のスペイン語は分かりやすく、家族のこと、自分が描く絵のことなどいろいろな話をした。

彼はアーティストだったので感じたことを詩にして、絵に表現していた。


彼は少しずつ回復し、一緒にアンティグアの街を散歩した。

ギャラリーによく絵を見に行き、アーティスト仲間と交流した。

彼は誰にでもやさしく、オープンで、物腰静かでとても繊細な感覚を持っていた。

私は彼がどのような人に対してもリスペクトするところが好きだった。

お金持ちの人でも貧しい人にでも、外国人でも、付き合い方は変わらない。

彼と話していると言語の壁を超えて、分かり合えると思うことがよくあった。

どうしてこの人はこんなに私のことが分かるのだろうか?と思った。

そして、私も彼のことが感覚的にとてもよく分かるのだった。


こうして私はグアテマラ、マヤの大地とカルロスと両方に恋してしまい、この場所から離れがたくなっていた。

気にいったウイピルの村を訪ねて、その村に滞在して、織物を習い、マヤ語を教えてもらったりした。ビザ更新のためにエルサルバドルへも行った。

カルロスと出会って現れてきた、今まで知らなかった私の内側にあった自由でオープンで熱いパッションのある自分と、こうあらねばならないという型にはまった日本人的な私が混在して、どうしていいか分からない現象に陥った。

私は内側に混在する二つをうまく統合することが出来なくて、悩んだ。

ところが共に過ごす時間が多くなるにつれて、カルロスの言動の違いに混乱することが度々起きた。私とはまったく違った発想は面白くもあったが、理解に苦しむこともあった。夢みる少年のような純粋なところもあったが、一緒にいるには、難しいところもあった。

私たちは一緒に生活したり、私が一人でプチ旅行に出て離れたりしながら、ちょうどいい距離間を模索していた。

そんなことをしているうちに、飛ぶように時間が過ぎていった。

前職で貯めた五〇万くらいのお金と、民芸品を知人に頼まれて送った分を送金してもらったものも含めて尽きてきた。

ここにずっと住みたい……。

でもカルロスとここで暮らすにはどう生計を立てればいいのか。

その上、その頃の私は人（特に日本人）にどう見られるか？がとても怖かった。

今なら笑えることだが。

最終的には、この国に残る決断には至らず、熱い気持ちを冷まして冷静に考えようと一年オープンチケットの期限である一九九二年の二月に帰国した。

その時私は二八歳になっていた。

グアテマラにはトータル約八カ月いたことになる。

私のシラナカッタ自分を引き出してくれたのは、このグアテマラ・マヤのエネルギーとカルロスだった。

*

その後の私の人生をこれほど大きく変える巡り合わせだったとは。

私がグアテマラとカルロスに出会うことは、偶然ではなく全て必然だったと今なら分かる。

あれほど人に強烈に惹きつけられたことはなかった。

そして、あの時ほど人に強く愛されている感覚を味わったことはなかった。

しかし、その頃〝愛〟だと思っていたことは、まだ幼稚園レベルの〝愛〟だったと今は思う。

同じ人との関係性でも、成長していくと愛のレベルが変わっていく。

それは後々の章で語るとしよう。

ともかく、間違いなく私たちは出会った時から離れがたい仲だったということだ。

まるで磁石のようにくっついて自分の理性が効かなくなり、違う自分になったようだった。

それは、後々分かったことだが、今生で再会することが約束されていた二人だったからなのだ。

他生では親子であり夫婦であった二人が遠い地球の裏側で出会ってしまった。

そのため、お互い惹かれてしまうのは当然だった。

幼い頃両親を事故で亡くした彼は、私を母的に見ているところもあったようだ。

私も、気持ちの深い部分で助けてあげたい想いが湧き、母性愛で包んでしまうところもあった。


一人の女性として彼を愛し、愛された。

一緒にいるだけで落ち着いていられる。

あのホッとする感じはどこからくるのだろう？と思ったこともある。

一方、カルロスにとって私は家族の一部だったのではないだろうか？

どちらにとっても魂レベルで何度も出会っているのであれば、離れがたい存在であったことがうなずける。

第3章　日本に戻った私と新たな人生の模索

1　新しいライフスタイルとシンプルな生活へのシフト

一九九二年二月、一年ぶりに帰国した。

三カ月くらいのつもりで出た旅が、予想外の長い旅になった。インドに一緒に行った妹の住む東京西荻窪に降り立ち、妹のところで一緒に暮らし始めた。久しぶりの東京は、何もかもが違う世界に見え、まるで浦島太郎のような感覚だった。人が多くて、歩くスピードが速く、いろいろな物が新しくピカピカで、一晩中明るくネオンが灯っている。蛇口をひねればお水もお湯もふんだんに出る。停電にならずに電気がついている。バスや電車が時間通りに来ること、街にはごみもなく、電車に乗るのに人が整然と並んでいることなどが、とても不思議に思えた。

今のようにネットで世界中の情報が瞬時に見られる時代ではなかったので、日本の変わりようは、一気に未来の世界へワープしてきたような感覚だった。

私の新しいライフスタイルのスタートがこの頃から始まった。

アパレルの仕事をしていた頃は、毎日残業でほぼ外食だった。休みの日は仕事の疲れで何もできないか、仕事のリサーチをしていた。

お酒も飲み、たばこも吸い、ストレスは多く、緊張すると胃がきりきりしていた。

身体は、悲鳴をあげながらも若さで乗り切っていた。

いつも便秘気味、生理は不規則、生理痛が激しく、痛み止めを飲まないと仕事に行けないほどだった。

すべて仕事中心で、自分の身体の声を聞くことなどなかったし、何が身体にいいとか、どんな風に暮らしたいとか、考える余裕さえなかった。洋服のローンのために働いていたようなものだ。

インドに行き、中南米に行き、日本に戻ってきてからは、以前のスタイルには戻れなかった。

もうすべての感覚が拒否していた。働き方は、お金よりも自由な時間、身体の声を聞くこと。暮らし、食生活もすべて変化していった。


仕事は正社員という雇用形態から、アルバイトスタイルになった。

まずは、日本の生活に慣れるためのリハビリに丁度よい仕事を知り合いがくれ、小さなクラフトショップで働いた。自分が仕入れてきたものや、旅で訪ねたいろいろな国の物を販売しながら、旅のことも話せてお客さんと交流できることが楽しかった。

そういう働き方に変えた理由は、旅に行きたい時に、長期、短期関係なく自由に休みが取れることだった。さまざまなことから縛られないこと。

そして、楽しくできる仕事を選択することも重要だった。時間の余裕が生まれたら、自分のやりたいことに時間を使える。食生活も外食、飲みに行くということが減って、料理を作ることが楽しめるようになった。


一方、グアテマラで一旦別れてきたカルロスとは、今や当たり前のメールさえない時代だったので遠距離文通を続けていた。

しかし、私はいつの間にか日本の速いリズムに戻ってだんだん忙しくなり、文通の間があき、気持ちが遠のいていった。

そんな頃、友達からカルロスのよくない噂を聞き、彼のことを信じられなくなってしまった。その噂の詳細を書くことはできない。

私たちの関係を距離のあるまま保ち続けるには難しく、時とともに自然消滅してしまった。

その頃の私は、彼とのことをなかったことにして、封じ込めてしまいたかったのかもしれない。

そして彼とは関係なくグアテマラが無性に恋しかった。早く戻りたい。帰りたい。そんな気持ちがいつもあった。


日本に戻って日本に出る前の暮らしと根本的に変わったことがある。

何万円もするデザイナーズブランドの洋服を買っていた私が、服や物が欲しくなくなり、必要最低限の物しか買わなくなった。

中南米の旅の途中、バックパックを盗られて何もなくなったことで、私の中に必要な物はさほどないということが分かった。それは日本に帰っても同じ気持ちでいられた。

その頃の東京はゴミの日にいろいろなものが出してあって、「これ捨てるの?」と思うようなものがよくあった。私にはお宝のように見えたので、うちで使えそうな物をセレクトしていた。

日本は驚きの国だと思った。まだ、使える新品同様の物が捨てられ、ゴミになり、焼かれ、もしくは埋め立てられてしまう。

「このゴミはどこに行くのか?」疑問に持ち始め、できるだけゴミの出ない生活を意識するようになった。

そんなことから、環境問題に目覚めていき、自分にできることから始めていった。

日本の企業が他の国々で貴重な森を伐採して、製紙の原料となるパルプを作っていることを知り、紙を無駄に使わない、使う時は再生紙を選び、パルプから作られているティッシュペーパーやトイレットペーパーを使わないようにした。

トイレにある紙タオルも使わず、ハンカチを持ち歩くようになった。

紙だけでなく、いろいろな物を選ぶ時に、環境に負荷のかかっていないものか?何が原料で作られていて、それは森を壊していないか?人を搾取していないか?など、表面的な広告に惑わされずに、その先にどんな環境でどんな人達によってこれは作られているのかを想像するようになった。

ペットボトルや缶もリサイクルするのにエネルギーがかかるので、なるべく買わない。自動販売機を使わず、商店で買うようにした。生理用ナプキンの布ナプキンも先駆けて輸入されている頃から使うようになった。

毛糸を紡いで草木染めをして、その糸を使って布を織り、染色の材料を身近なところから見つけたり、パンをこねて焼いたり、時間がかかっても、気持ちのよい暮らしをしていくように自然となっていった。

食べ物も、妹が自然食品店で働いていたお陰で自然と体によいものが手に入った。オーガニック食品などまだ世の中でそれほど認知されていない頃だった。スーパーで売られているものと自然食品店で販売されている物の違いが分かることで、これは体にいいとか、環境によくないとか分かるようになっていった。

自然治癒力と自助努力を指導する野口整体に出会ったのもこの頃である。具合が悪ければ、薬を飲み、病院に行くのが当たり前だったのが、この頃から薬を飲まず、病院にも行かず、自分の体の自己治癒力を信頼するようになった。

病気が悪いことではなく、体がいらないものを排出しているのを止めないでそれに任せる。今もずっと続けられているのは、体本来の大切なことが学べたからだと思う。

私の経済的基盤は、リハビリ的仕事の民芸品店の雇われ店長から、遺跡発掘の仕事とデザイン仕事の掛け持ちアルバイトに変わっていった。

電車通勤から、自転車通勤になり、内仕事から外仕事になった。

妹との二人暮らしで家賃、生活費は折半して、その上、物を買わないシンプルライフになったので、次の旅のためにお金を貯めることができた。

2　魂に従う道への模索

帰国して二年後の一九九四年に、ようやくお金を貯めてグアテマラへ行った。

グアテマラに三カ月滞在したが、心がゆさぶられるのが怖かったのでカルロスとは会わなかった。彼とのことをなかったことにしたかったのだと思う。

求めていたグアテマラの空気と大地のエネルギーを満喫できればそれでよかった。

そして日本に戻った私は遺跡発掘の仕事で大地に穴を掘りながら、私自身の内面を掘り下げる時期に入っていった。

なぜなら、その頃から付き合っていた彼との関係性で、自分の感情の揺れが激しく、コントロールできずに悩んでいた。

自分のことを知るためにその頃興味があった＊ＰＯＰのセラピストのところへ通い、自分の内側をみていくようになる。

＊プロセス指向心理学（ＰＯＰ）はユング派の心理学のひとつで米国のアーノルド・ミンデル氏が作ったもの。夢やシャーマニック、東洋のタオの要素やダンスやアートの要素も含んで多角的にクライアントとワークする。世界中に起こる紛争を民主的にワークしながら解決していくワールドワークというものが作られた。

セラピーを受けるうちにだんだんとその面白さにのめり込み、一九九七年頃からプロセスワーカー（ＰＯＰセラピスト）になろうと真剣に学び始めた。

ワークショップに参加中、私の奥深いところとつながると目覚めたような動きが立ち現れ、踊りになることがあった。

自分の中から、泉のようにこんこんと湧き出てくる不思議な感覚や、森と湖のそばで踊っているようなイメージが沸き上がって、踊っていた。

すると周りからの感想が、「美しかった」「シャーマンみたいでスピリチュアルなものを感じた」という。

それらの言葉はとても意外で信じられず、まったく受け入れることができなかったので記憶に残っていなかった。

セラピーを学ぶことは、同時に自分自身を深く探求することだった。体験的に気づき、自分自身の知らない面を発見し、変容していくことが大変面白かった。

翌々年、バンジージャンプで川へ飛び降りる如く、私はひと月ほどの集中コースを受けるため渡米した。一番きつかったのは、英語についていけないことだった。

それでも世界各国の人にもまれながら、毎日がジェットコースターに乗っているような日々だった。

ある時二人組になってエクササイズをした。私の英語力のなさを知って相手は少し不安そうだった。しかし、そのエクササイズを終えたとき、相手は私の最小限のワードでこれほど深いところまで届くのかと驚いたのである。私たちは不思議な感動を味わった。

私は全体の中で英語が一番分からない人だと注目されると同時に、別な側面、ムーブメント（動き）や微細な感覚をキャッチするのが際立ったのだ。

それは自分でも知らないことだった。

目の前の人が何を感じ、どう感じているのかを読みとることが出来た。

日本人には割と分かりやすい感覚だが、欧米人には難しい、言語ではないとてもセンシティブな感覚を捉える力があるということ。

自分には当たり前にある感覚が他の人には難しいということが分かったのだ。

言語を通して学びあっている中で、言語を介さない感覚は私にとってはとても居心地のよいものだった。

この体験を通して、それまで自分の感覚に自信を持てなかったが、この独自の感覚は大切にしていいものなのだと思えた。

私という人間がこの世界に存在していいと自分自身で許すことができたのだ。


ずっと何年もの間、自分の中で問い続けていた、自分が何者なのか？

何をして生きていけばよいのか？　地球のために何をすればいいのか？

答えは出てこないまでもセラピストになって人を助ける仕事をしようと思って進んでいた。

私はこのまま東京ではなく、どこか大地に根差せるところへ移住しようと考えていた。

自分が本来のやるべきことをやれるところへ、それがどこなのか？　まだ、分からずにいた。

まさか私の人生が、このＰＯＰを学んだことによって大きく変わるとは思っていなかった。

言ってみれば、ＰＯＰとは、その人の魂に従うことを探っていく学びだったのだ。


そんな体験の後、一九九八年二月末、アメリカでのプログラムを終えて、そのままグアテマラへ飛び、自分の羽を大きく伸ばした。

水を得た魚のように自由を感じ、久しぶりの人や場所を訪ね、心行くまで里帰りを味わった。

この時もカルロスとは会わなかった。彼がどこでどうしているのかは分からなかった。


この一連のプログラムのエクササイズ中に見たヴィジョンが、マヤの神殿でたった一人生き残っていたり、儀式をしていたり、祠の中にいるイメージを思い出した。

これが初めて体験したスピリチュアルなヴィジョンで、その時には何のことだかまったく分からなかったが、後にこれは私の魂、マヤ時代の記憶だったことが明らかになっていった。

このことは後の9章でお話しすることになる。

第4章　大きな決意と大きな苦悩

1　カルロスとの再会と森の声

一九九八年十二月、海外でお世話になった人へクリスマスカードを送ろうと急に思いつき、その内の一人としてカルロスへも送った。

どこにいるかも分からなかったが、ここならいつか彼の元へ届くであろう住所へ送った。

忘れた頃の翌年になんとカルロスから返事の手紙が届いた。

彼は生きていた。相変わらず、どうやって生きているのか分からなかったが、絵を描くことだけは、やめていないようだった。

それから、久しぶりに手紙のやりとりが始まった。

この時代はパソコンでメールのやりとりがようやく始まってきた頃だったが、私たちはまだ手紙だった。グアテマラへ手紙が着くのに何日かかったのだろう？　多分二週間くらいだったと思う。

文面によると気ままに住みかを変え、したい時に仕事もするその日暮らしのハチャメチャ人生は変わりがないようだ。一気に時間が縮まった。

私の中で、もしかして、彼とのことは終わっていなかったのでは？と、思う感覚が湧きあがってきた。

会って自分の気持ちを確認したいと思った。

その決断は私にとって、途方もなく怖いものだった。

今のままで十分に幸せだと思っていたのに、彼に会いに行くことは全く未踏の世界へ飛び込むような気持ちだった。


一九九九年一〇月、その頃働いていた障がい者福祉作業所のアルバイトを二カ月休みをとって、グアテマラへカルロスに会いに行った。


その頃カルロスは、グアテマラの私が行ったことのなかった北部の森があるところに住んでいた。

七年ぶりにあった彼は、見かけはくたびれた感じに見えた。よれよれの汚れた服に不精ひげをはやしていた。

日本から彼に会うために一気にグアテマラ北部まで来てしまったが、私の直感は間違っていたかもしれないと思った。

しかし、彼といろいろ話すうちに「あっ私はこの人のこんなところに惹かれたのだった」と思い出してきた。

私に持っていない純粋なもの。物質界にまみれていないピュアな感覚。

「この人の核の部分は変わっていないんだ」と思った。

時空が一気に昔に戻った。

これを確認したかったのかもしれない。

しかし、それ故に彼はアルコールに侵されていた。

しばらく一緒にいてみようと思い、一カ月ほど様子をみている間、時々意味不明な言動があり一緒にいるのが怖くなった。

それでもどうしようもなく、私の魂なのか何なのかその頃は分からなかったけれど、理性では一緒にいれないが、違うところでは一緒にいたいと思っている。

私の中でこんこんと湧き上がる怖れと未知のワクワクは、このグアテマラで再びカルロスと共に暮らしていくというところからきていた。

私が決断をする日が迫っていた。

しかし、決意は理性と魂の声との間で大きく揺れ動いていた。

彼がその頃住んでいたエル・レマテ村。

一緒にいる間、彼は、自分は絵を描いて暮らしているということを私に見せてくれた。

村にある数件のお店の壁や看板に絵を描いていた。古代マヤ文明のレリーフもあった。

その村には、彼が家族のようにお世話になっている家族より関係の深い家族がいた。

家族の長であるリゴ（リゴベルト）。

リゴは、カルロスと兄弟のようだった。

私にも家族のように接してくれた。

リゴは、私がまだカルロスとここで暮らしていくか決めかねている時に言った。


「ミホたちがここに住むのなら、私の土地があるからそこをわけてあげよう」と。

リゴはその土地に案内してくれた。

土地といっても、山にある森だった。

思いがけない展開に驚いた。

動揺しながらも、未知の世界が大きく広がった。

そして、自分の決意を決めかねている時に、その森にひとりで行ってみることにした。

その小さな森の中に立ち、静かに聞いてみた。「私は、どうしたらいいのか分からないのです。

これから私はここで何をしていったらいいのでしょうか？」

『森を守っていくんだよ』

えっ？　確かにそんな風に聞こえた。この大地から。

静かに涙が流れ、その森からの答えを受けとった。

そして、私は決心し、この森を譲り受けることにした。

同時にそれは、カルロスとも人生を共にするという決意だった。

その時私が思い描いたのは、カルロスと森で共に暮らしながら、森を守っていこうということだった。

2　日本へ来たカルロスと想定外だらけの苦悩と小さな希望

こうして私はカルロスに会いに行って、グアテマラの森で彼と暮らそうと決心して、私は一旦、一九九九年十二月、日本に帰ってきた。

私がグアテマラへ行くはずだったが、カルロスにも私の国を知ってもらいたいので、彼に日本に来てもらい、二人で日本でお金を貯めてからグアテマラに行こうということになった。

しかしながら、その時の私の考えが大変甘かったことを、ゆくゆく知ることになった。

カルロスがグアテマラから日本に初めて来た二〇〇〇年八月、成田国際空港でのこと。

私は、彼が到着する便を空港の到着ロビーで待っていた。

時間がきてもなかなか出てこないので、そわそわしながら待っていると、アナウンスで私の名前が呼ばれた。

びっくりして、言われた場所に向かった。

そこは空港内のイミグレーション（入国審査）の別室だった。

しかしその部屋にはカルロスの姿はなかった。

私は若い入国審査官一人と、机を間にして向き合っていた。

よくドラマでみる警察の取り調べ室みたいな感じだった。

窓もなく殺風景で壁紙もなく、絵も飾られていない、息がつまりそうな四畳半くらいの部屋で、私は質問攻めにされた。

私への質問は「グアテマラから来たガルシア・カルロスさんを知っていますか？」

「どういう関係ですか？」

「いつどこでどのように知り合ったのですか？」

「彼はあなたと結婚する目的で来たと言っていますが、それは真実ですか？」

「はい、そうです。それは真実です。彼が来るのは承知しているし、彼は私と結婚するためにきました」

本当のことだが、何度も何度もしつこく同じことを聞かれてどう説明すれば、信じてもらえるのか分からなかった。

何を言っても伝わらない。信じてもらえない。だんだん壁に話しているみたいな気持ちになってきた。

彼はビザも現金も何も持っておらず、小さな手荷物一つのみで来ている。

このままでは強制送還になるという。

「ようやくここまで辿り着いたのに、日本の空港の外に出られずに返されるの？

ジョーダンじゃない。どうにかして、この窮地を超えたい。どうやって？」

その時、トイレに行かせてもらった。

トイレの中で震えながら神に祈った。

「どうかこの窮地を超えさせてください。どうかカルロスを日本の地に入れさせてください」

すると、不思議なことに私の中からインディアンリズムが響いてきた。

その感覚のままトイレから部屋に戻ると、相手のペースだったのを私の意識を変えてその人の魂に語りかけるように話すことができた。

そうすると何かが変わった。

若い審査官は部屋から出て行き、しばらくすると、別な上司らしき人が入ってきた。

なんとなくゆったりとした空気が流れた。

彼は私に同じことをまた聞き、私は同じように答えたが、今度は「分かりました」と言われた。状況が一転して奇跡が起こった。私たちのことを信じてもらえ、カルロスに旅行ビザがおりる！

彼が日本に到着して五時間後、ようやく三カ月のビザを手にし、到着ロビーに姿を現して涙の再会となった。


私たちは偽装結婚だと思われていた。そういう人たちが多いらしい。

このような状況は、時と場所を変えて何度もやってきて、私はその度に、意識をシフトさせて仮面のような相手に、その人の魂に訴えかけるという試練を重ねることになった。

3　国際結婚と人種差別のリアル体験

カルロスが日本に来て私が初めて味わったことは、日本人による外国人差別だった。

私と妹が住んでいたアパートから妹が出て、入れ替わりにカルロスが住むことになった。

彼が来てすぐ、大家さんから「外国人が住むという契約になっていないから、来月出て行ってくれ」と言われた。

私が伝えていなかったのが悪いのだが、謝って交渉しようとしても、話しにならなかった。

仕方なく部屋を探し始め、今度は最初から外国人と暮らすと伝えるものの、その条件だけで狭き門になった。

今までと同じような間取りと家賃では、まったく見つからなかった。

不動産屋から「外国の方は白ですか？　黒ですか？」といきなり聞かれることすらあり、怒りと悲しみと呆れる思いが同時にきた。

何件もの不動産屋を回り、ようやく見つかった物件は西荻窪駅と荻窪駅の中間だった。

のちのち大家さんが「自分の娘も外国（アジア）の人と結婚したんだよ。だからね、人ごとじゃない気がしてね」と言ってくれた。


外国人差別は部屋探しだけではなかった。

ただ歩いているだけで、警察官がカルロスに職務質問をしてくる。質問だけでなく持ち物を全部チェックするのだ。

その頃、頻繁に警官に出会い、急いでいるのにも関わらず、道の真ん中で荷物を全部開けられたりすることもしばしばだった。

警官はよほど暇を持て余しているのか、一日に立て続けに何回も起こった時など、私は怒り心頭に達した。

カルロス一人の時は、私に電話がかかってきて、彼の言い分は本当なのか確認されるのだ。

人種差別の最たるは悲しいかな、私の両親だった。

彼が来日して親に紹介するため実家に行った。

世間体を気にする両親だったので、彼との同居や結婚などあり得ない、と大反対だった。

父母のカルロスに対する反応は、人をみくびった尊大な態度で、娘の私にとっては、怒りより恥ずかしい思いだった。

私は日本人が有色人種の外国人を見る際、いわゆる〝白人〟という人たちと区別する偏見を目の当たりにした。

両親も含め、こんなにも差別主義だった日本の現実を体感したのだった。


カルロスのツーリストビザは三カ月だったので、あっという間に過ぎてしまう。

私は法的入籍を望んではいなかったが、彼が日本で暮らすため、結婚ビザが必要だった。

次章で詳しく説明するが、彼が日本に来てからお酒の問題が表面化し、結婚手続きへの迷いが出てきた。

しかし、このままではビザが切れてしまうため、選択の余地なく入籍に踏み切った。

日本人同士の結婚は役所に行き、結婚届け出書をもらい、書類に二人の署名をし、第三者が署名をして提出すれば、法的に結婚したことになる。

私たちもそうしたが、もらったのは受理証明書のみだった。

それは、役所が法的にはまだ認めていない、という意味だった。

日本で外国人と結婚する場合、彼の国で取るべき複数の書類が必要で、グアテマラから取り寄せるため時間を要した。

これも国同士での取り決めがあり、アメリカやヨーロッパなど先進国の人と結婚する場合は、さほど時間がかからず、面倒な書類がない。

ここでも差別があった。第三世界の国の人との婚姻は偽装結婚を前提にしており、簡単に認められず、複雑な書類がいくつも要求され、翻訳も必要で面接にも行かなければならなかった。

イミグレ（出入国在留管理庁＝旧入国管理局）はいつも長蛇の列で外国人が並んでいる。しかも多くは有色人種なのだった。

本提出までに何度も行き、何時間も待つのが習わしになった。

本当に大変な作業で時間と労力がどれほどかかっただろう。

イミグレにビザを延ばしてもらう手続きをし、私の書類や彼の書類を翻訳したものなど種々揃え提出した。

書類のひとつに私たちが一緒に写っている写真というのがあった。

これも偽装結婚ではないという証明のためだ。

さらに、提出してから三カ月から半年も待たなくてはならなかった。

その間イミグレは、私たちが本当に一緒に生活しているのか？　偽夫婦でないかを偵察に来ていたようだ。

三カ月ほどして通知が届き、イミグレに行った。彼の結婚ビザがようやく取れた。

私たちの結婚が法的に認められたという証しだった。

二〇〇一年三月のことだった。

書いてみると、たんたんと進んでいるようだが、実際はたくさんの葛藤といら立ちと焦りや怒りなど悔しい思いの連続だった。

国際結婚がこれほど大変だとは思っていなかった。

多くの時間と労力をかけ、晴れて法的に婚姻が認められたのだった。

4 怒涛の日々と奇跡、そして回復への道

カルロスが日本に来る時、彼はアルコールをやめているはずだった。

私はそれを信じていた。

その頃、私は障がい者施設の福祉作業所で働いていた。

ある日家に帰ってくると、お酒の空き瓶が隅に隠されていた。

台所の料理酒、みりんまでもなくなっていた。隠してあったタンス預金も。

彼はお酒をやめていたのではなく、私が気づかなかっただけなのだ。

それ以来、私はお酒のことに関して敏感に察知するようになった。

彼が何をどのくらい飲んでいるのかは、私の前では飲まなかったので、知るすべがなかった。

グアテマラで飲んでいたことは知っていたので「日本に来るのならお酒はやめてね」。

「分かった」とそんなやりとりがあったが、そんなに簡単にやめられるものではなかったと、後で身に染みて分かることになる。

最初は彼がお酒をやめられないのは彼の意志が弱いのかと思っていた。

だから、「私を愛しているならやめてね」

「君を愛しているからやめるよ」

日本流に言うなら「私のこと思っているなら、お酒やめられるわよね？」

「もちろん、君のこと思っているからやめられるよ」

こんな会話を何度したことだろう。

そして、約束をやぶる。嘘をつく。それが分かって喧嘩をする。

私は、泣く、叫ぶ、怒る。感情の制御がつかない。

「ＭＩＨＯが〇〇〇と言ったから、飲む」

どんなことでも飲む理由になる。

飲む人は飲む理由をどんなことからも見つけることができる。

そんな悪循環に陥っていった。

＊

日本に来てからの彼は、私が想像していたように外で仕事をしてお金を貯めるのではなく（私が勝手に望んでいたことだった）彼は彼のやりたいこと、絵を描くことしかしなかった。（これは、本当にすごいことだと思う）

来日してすぐに西荻窪のナワプラサードという本屋で（私が時々アルバイトをしていた）初めての個展をやることになった。

初めての作品〝マヤの神様シリーズ〟だった。

額がないのでダンボールや紙を使って素敵なリサイクル額縁を作った。

色彩が豊かで、とても素晴らしい作品ができた。

日本人にはない色彩感覚とマヤの神様という珍しい題材だったので、思ったより好評で販売できた。

＊

彼の日本での生活は、日本語を話せないことや人種差別で緊張やストレスが溜まっていったのかもしれない。

私との関係も飲酒とともに悪くなり、どんどん大変な状況になっていった。

相談に行った診療内科に処方してもらった安定剤が、次の診療日まで持たなくなった。薬物依存へ発展してしまったのだ。


薬と一緒にお酒も大量に飲み、目が虚ろ、足がもつれ、尋常でなくなってしまい、救急車を呼ぶ事態になったこともある。

彼自らお酒をやめようと何度も試したが、十日と持たなかった。

苦しい思いをして断酒しても体が欲して、また飲むのだ。

アルコール依存症は病気であると後で知ることになる。


私が仕事から帰ってきて疲れて眠っているにもかかわらず夜な夜な話しかけられて、睡眠妨害で頭がおかしくなりそうになっていた。

飲んでいると本音を言い始める。

お互いに抑えていたものが怒りとなって現れてくる。

決して私の前では飲まなかったが、匂いと様子で飲んでいるのはすぐに分かる。

分かると私の機嫌は悪くなる。

私の中の噴き出しそうな怒りと悲しみ。

彼はそれを瞬時に察し、傷ついたり、悲しんだり、怒ったりした。

たくさんのものが渦まいていたのだろう。

一緒に転げるようにおかしくなっていった。

私は正気でいられなくなった。

市の機関に相談して、勧められるところに、あちらこちらに行ってみた。

依存症本人が行けるアルコール依存症の自助グループ（ＡＡ）を見つけた。

最初に彼は日本語のＡＡグループへ、その後英語のＡＡへつながった。

つながってほっとしたが、彼の母国語のスペイン語ではないのでだんだん足が遠のいていった。

ある日、私はある会に行きアルコール依存症家族の自助グループ（アラノン）を薦められた。

すぐにアラノンに行き、私の来るべき場所、助けられる場所に行き着いたと思った。

グループで話しをすると私もかなり正気ではなくなっていたことが分かった。

私は、彼がお酒をやめることができるようにと必死だったが、自分が回復することがまず先決だと思った。

それから、週に三回アラノンに通った。都内に数カ所グループがあり、行きたい時にどこに行ってもよかった。

アラノンは決められた時間の中で一人ずつ話をする。他の人が話すことに意見も批判もせず、ただ聞く。それだけのことを毎回やり続けるのだ。

グループには同じ苦しみを持った仲間がいて、ただ温かく受け入れてくれた。

このやり方が、どうして多くの人の苦しみを和らげ、回復への道を辿るのか？

体験の中で感じたことは、セラピストのように上下関係がなく、同じ苦しみを持った仲間がいて、目の前の仲間はとても落ち着いて大きな愛で存在している、ということ。

「この人も同じように苦しんでいたのに、どうしたらこんな風になれるのだろう?」とまず思う。

「そこにいきたい。そのようになれるなら、その人がやっていることをやってみよう」と思う。

仲間は自分が回復したプロセスを分かち合ってくれる。昔の自分と同じようだったと。

そこから穏やかに、神のような落ち着きを取り戻す希望を与えてくれる。

アドバイスをしない。話されたことは口外しない。ミーティングの後、お茶を飲みに行ったりもしない。特別な関係を持たない。

そういう世間一般とは、真逆の関係の中から生まれてくる信頼関係。

同じ痛みを持ったものでしか真に理解しあえないことを、守られた中で話をして、聞いて帰って、自分の中で気づき、実践し、またグループに行ってシェアする。

それがアラノンであり、多くの人を回復させる所以ではないかと思う。

私はそこで目から鱗のことをたくさん学んだ。

〝アルコール依存症は病気である〟

〝依存症者を子どものように扱わない〟

〝相手を変えるのではなく、自分から変わる〟

〝話をする時に依存症者のことでなく、自分のことを話す〟

そしてある日、私は思考力がない状態で突発的に妹のところに身を寄せた。

そこから仕事とグループにも通い、家には戻らなかった。

アラノンにつながってすぐの頃だった。

まずは自分から回復するための行動だった。


私が居なくなってからも、彼は救急車で運ばれたようだった。

病院から連絡がきて知った。急性肝炎か？　病名は覚えていない。

飲み過ぎて体もおかしくなっていた。

すぐに退院したが、病院から私に（別居していても法的な妻であるから）治療費を払ってください と言われた。

散々葛藤したが、払わないでカルロスに任せた。

アラノンで学んだことの中に、〝依存症者の尻拭いをしない〟というのがあった。

私が法的に妻の立場である以上、これからもこういうことが起きるかもしれないと思った。


ひと月ほどして電話があって「自分が家を出るからＭＩＨＯがここに帰ってきたらいい」と言って、彼は家を出て行った。

どこか行き先があるわけではなかったと思う。

彼は本当にいつもやさしい人だった。飲んでいる時以外は。

彼は家を出て行ってから、代々木公園で多くのホームレスたちに交じってテント村に暮らしていた。

私は前の入院時に、次に入院する事態になるとまた私に支払いを求められるだろうと思い、カルロスが家を出た後に彼と話し合い、離婚した。

長い手続きをかけてやっとできた結婚だったが、三カ月ほどで離婚にふみきった。

これは、彼を助けたい一心で決めたことだった。

今までとは違うやり方を試そうとしていた。

彼もそれを分かってくれた。

真の愛を学び始めた頃だった。


時々彼は電話をくれた。元気にしている声を聞かせてくれた。

元気といっても、飲んでいることに変わりはなかった。

そして連続飲酒になっていったようだ。

依存症者は悪化すると飲むことを一時もやめられなくなり、体がギブアップするまで飲まずにはいられなくなる。

私はその頃、真剣に神に祈るということを知った。

宗教に関係なく、偉大な神に祈ることしかこの状況でできることはなかった。

私の不安は尋常ではなかった。

神に祈り始めて不思議なことが起こった。

毎日「カルロスをどうか、生かしてください。私には助けることができませんでした。

どうか、彼を助けてください」と祈った。

彼が連続飲酒になって血を吐いたその日、テントに一枚の紙が投げ込まれた。

それは、ホームレスを支援するNGO団体からだった。

彼はその紙を頼りに、助けを求めた。

「死ぬかもしれない。生きたい。助けてほしい」と。

そして、彼はそのNGO団体に助けられアルコール依存症専門の病院に入院することができた。

彼からその知らせを聞いた時、「奇跡が起こった」と思った。

私が思いつくあらゆることを試して、助けられなかった彼を手から放し、神に祈って委ねて起こったことだった。彼と喜び、泣いた。

そして、アラノンで学んだこと、神に出会ったことがこの奇跡を起こしたのだと思う。

その後一カ月入院して退院する時に、先生から「また、飲むかもしれません」と言われて驚いた。

しかし、彼はその後の一三年間、一滴もお酒を飲まなかったのだ。今も飲まない生活を選んでいる。

これも奇跡だと思う。

＊

退院する時にソーシャルワーカーの計らいで、身元なし外国人を保護する制度により、住む場所と生活に必要な最低限の保護を受け療養できるという神様からのプレゼントまで付いていた。

彼は、日本に在住しているラテンアメリカのまだ苦しんでいる依存症者たちと自分を助けるために、四ツ谷のイグナチオ教会でスペイン語のＡＡグループを作った。

私も同じくアラノングループに通い続けた。

二人とも回復への道を歩み始めたのだった。

＊

今振り返ってみると、今の私の生き方のベースが養われた重要な時期だった。

彼が飲まなくなっても、一〇年ほどグループに通い続けた。

本人がお酒をやめても、今までの生き方を変えていかなければ苦しさは続くのと同じで、家族も変わっていかないと同じことが繰り返される。

回復、成長の道には終わりがないからだ。

たまたま愛する人が依存症で、彼を助けたくて扉をくぐった場所だったが、私はアラノンで、生きるのに大切なことを学ぶことができたのだ。

これは今思うと、本当に神の計らいだったと思う。


アラノンの学びには、依存症者の家族のみならず、すべての人にとって必要なことがプログラムの中にある。どうにもならなくなった時、自分が手を放し、偉大な神に預けることによって起きる奇跡。人はコントロールできない。

人は変えられないが、自分は変えることができる。すべての基本は愛なる神である。

自分を振り返ること。批判や噂話はしないこと。真のスピリチュアルの基本がここにあったのだ。


アラノンミーティングの始めと終わりに唱える祈りの言葉

〝神様お与えください
自分に変えられないものを受け入れる落ち着きを
変えられるものは変えていく勇気を
そして、二つのものを見分ける賢さを〟

第5章　震えながら一人で始めた行動

1　ティエラ・マドレ・プロジェクト（TierraMadreProject）を立ち上げる

自分の生活に追われて森のことが何もできていないことに悶々としていた二〇〇二年、自分自身の生活がようやく落ち着いてきたので、日本に居ながら自分にできることをしていこうと思った。

NGOを作るのは一人から許可もいらず立ち上げられるのだと知り、一人NGOティエラ・マドレ・プロジェクト TierraMadreProject を立ち上げた。TierraMadre はスペイン語で母なる大地という意味。

森を守り、この地球、母なる大地を守るために出来ることをやっていこうと思いを込めてつけた名前だった。

グアテマラの素晴らしい森のこと、森を守るために私たちができることをたくさんの人に知ってもらうための啓蒙活動をやっていくのが目的だった。

たまたま人に相談したら企画することに慣れている人で、イベントをやろうということになり、不思議な勢いで瞬く間にイベントが立ち上がっていった。

その頃はイベントの経験もなかったので、驚きの展開だった。

私の話とジャズライブをコラボした企画になった。

タイトルは、〝グアテマラの森のお話とスライドショー&ジャズミュージシャンのライブイベント！〟

まったく予期せぬ大がかりイベントが進行し始めて、段々怖くなってきた。

人前で話すとあがってしまい、とても苦手なことなのに、自らやることになってしまったのだから。どうしてこんなことを始めたのか、やめたい気持ちになってきた。

当然話す内容は原稿にして、話の内容に合わせて写真の準備をした。

当日は、人前で話すことが初めてなのに、いきなり五〇人もの人たちの前で話すことになり、緊張がマックスになっていった。

ナーバスになり、地に足が付かないような感じで、緊張のあまり声は震えて何を話したか覚えていない。

どうにか私の話は終えて、ライブをみんなが楽しんでいる様子を見ることができた時ほっとした。

これを機に、マヤナッツのことを始める二〇〇六年くらいまで、色々なところで森のお話&カルロスとのコラボレーションで、ジャングルの絵をみんなで描くワークショップをしていった。私が見てきたグアテマラの森のこと、地球上にはまだ、素晴らしい森が残っていて私たちはその森とつながっていること、森を守っていくために私たちが出来ることを伝えていった。

グアテマラの森から来たカルロスと一緒に絵を描くのは、子どもから大人まで参加しやすく興味を持ってもらいやすかった。

この頃、パンフレットとホームページを義理弟に協力してもらい作ることができた。東京でマヤ文明展が開催されるのに合わせてパンフレットを配布することにし、二万部をリサイクル紙とベジタブルインクを使って印刷することにした。

環境のことをやっているので、こだわった印刷方法にしたため、一〇万円以上もする見積もりとなり、お金の工面をどうするか悩んだ。

結局、私の多くはない友人知人に資金を募集して集めた。

今思うとよくそんなことが出来たと驚くが、その時は必死で、考えている余裕もなかったので行動できたのだろう。

この頃私は、障がい者福祉作業所でのパートタイムと、夢で思いついたベビーシッターの仕事を自分で始めた。

夢で思いついたというのは、もう一つ仕事をしたいと思ってアルバイトを探そうかな?と思っていた翌日、家で子どもを見ている夢を見た。

特に子どもが好きだったわけではないので何だろうと思った。

これは仕事の内容かもしれないと思い、自分で〝ベビーシッターやります〟というチラシを作ってお店に置いてもらった。

夢から与えられたこの仕事がその頃の私にはとても合っていて、子供も子供のお母さんも私も助かる幸せな仕事になった。

＊＊＊

カルロスへの公的支援も終わり、私のところに戻ってきた翌年二〇〇二年三月には、私たちは二回目の法的結婚をした。

前回よりは何倍も楽に、それでも同じ書類を集め同じ手続きを踏んで、その二カ月後にはカルロスの日本滞在ビザも取得できた。

カルロスがお酒を飲まなくなってこれですべて解決と思っていたが、そうではなかった。

飲まなくなったら、起こってくる問題を相手のせいにもお酒のせいにもできず、自分自身に立ち戻って深く見ていくことが必要になった。

それが真の回復の道だということが分かってきたのである。

まだほんのスタート地点にたったばかりだったのだ。

2　薬草のマエストロリゴベルトとラモンの出会い

ＮＧＯを立ち上げ細々と活動を始めたものの現地の森のことがずっと気になっていた。だが身辺が落ち着かず行けなかった。

二〇〇三年、ようやく一人でグアテマラへ行くことができた。

前回カルロスに会いに行った時に出会った、彼の家族のような存在リゴに、また会いに行った。

リゴの家族は、彼と奥さんに子ども七人と奥さんの甥っ子も含め一〇人。大家族だ。

最初は名前を覚えるのが大変だった。

一〇人が住むには小さい家に、ハンモックがいくつも吊り下がっていて、昼夜問わず誰かがそこで揺られていた。

その頃、まだ村には電気がきていなかったので、家の中には冷蔵庫やテレビなどの電化製品は何もなく、物のない暮らしをしていた。

彼は、畑で自家用にとうもろこし、豆、他に熱帯フルーツの木々も植えていた。

ある日、リゴと一緒に森を歩いていた。私は薬草に興味があったので色々質問すると、彼はとても詳しかった。草木の名前やそれぞれの薬効や使い方を教えてくれた。

木の樹液や樹皮、実、葉っぱを手に取り、これはマラリアの時、これは歯が痛い時に塗る。糖尿病で困っている人にはこの実を煎じて飲むといいとか。

実際に持って帰って飲ませてくれたりもした。私が虫に刺されて身体中痒くて困っている時には、痒みと毒素を出す薬草を煎じて患部に塗り、それを飲んだ。

痒みがひいていったので、それからはその薬草にお世話になった。

彼は大げさなジェスチャーを交えて面白可笑しく教えてくれる。

リゴは私の薬草のマエストロ（先生）となった。

その中の一つに、ラモン（マヤナッツ）があった。

古代マヤ時代から食べられていて、とても栄養のある実だという。

どうやって食べるのか教えてほしいというと、一緒に森に行ってラモンの実を探し、拾い集めて持って帰り天日干しにした。

乾いた実をトルティーヤ焼き用鉄板の上で煎り、それをとうもろこし挽きの石皿で石棒を使って粉にした。

その粉を煮出してお茶にして飲ませてもらった。お茶とコーヒーの間のような味だった。

粗い粉だったと思うが日本に持ち帰り、親しい人に試飲してもらった。

なぜ持ち帰ったのか？　あまり記憶がないのだが、この時からラモンを何かに使えないかと密かに思っていたのだと思う。

これが後にマヤナッツとなるラモンとの出会いだった。

私はリゴとの交流が楽しみで、その後もグアテマラに行くたび、彼に薬草を教えてもらうようになった。

彼は字は書けなかったが、多くの知恵を持っていた。その知恵は彼のお父さんから伝えられたものだ。

私がどうしてこんなに薬草に興味をもったのかも後の章で分かることになる。

私は森に貴重な木々や薬草がたくさんあることを知り、ますますマヤの森の豊かさを感じた。

地球にとって大事ないのちの宝庫を守っていくのだと強く思った。

第6章　心引き裂かれた現場。燃えている森に出会う

1　山梨へ移住とカルロスからの離婚宣言

二〇〇四年夏のある日、カルロスが帰って来るや否や「山梨で家が見つかった！」と言う。突然でびっくりした。彼はいつも私を驚かしてくれる。

富士山に魅せられたカルロスは山梨に通っているうちに、そこで暮らすペルー人家族と友達になり、さらにその友達の日本人が彼に家を安く貸してくれることになったとのこと。

以前から田舎へ移住したいと思っていたが、それが突然やってきた。

私には田舎の一軒家での暮らしがビジョンにあったので、その家をすぐに見に行った。

東京から高速に乗れば一時間半ほどで行ける距離。周りは田んぼと山々に囲まれた不便だが静かに暮らせそうな一軒家。

家の二階の窓から富士山が見えるのがとても気に入った。

間取りは、一階が六畳と四畳半の二部屋、二階は八畳と六畳の二部屋で、東京の六畳一間のアパート住まいから比べたら格段の広さだった。

この時点ではまだ何かすることは決めていなかったが、心の中では秘かにラモンを扱うには広い場所がいると思っていたので、ここで何か始められるのではないかと予感した。

東京での暮らしも悪くはなかったが、その頃原因不明の微熱が続き、私は調子がすぐれなかった。

そんなこともあり、家を見に行って何も迷いもなく転居を決め、およそ一カ月後の八月、熱帯夜の続く東京から涼しい富士山の近くに引っ越した。

私は以前から勤めていた東京での障がい者自宅介護の仕事を、週に二、三回の夜勤に減らし山梨から通った。


その最中、転居後一カ月ほどの九月に、突如カルロスから離婚を言い渡されたのだ。

離婚届まで持っていたのには驚いた。

あれだけ大変だった苦難の道を二人で乗り越え、面倒な入籍手続きを完了し、ようやく新しい人生を歩き始めたと思っていたのに、それから二年、彼はもう終わりにしたいそうだ。

そもそも私自身も、彼が日本に来た時からずっと、婚姻が二人の暮らしにベストな形なのか悩みつつここまできていた。

可能なら法的な形式に捉われないスタイルがいいと思ったが、彼のビザを取得するため結婚証明が必要不可欠だった。

実は、私が別れようと思うことは度々あった。しかし彼の方から離婚話が出たのは初めてだった。彼の言い分は「ミホは僕のアートを理解してくれない」というものであった。

彼の個展でのエピソードがある。そこは貸しギャラリーだったのだが、閉店時間にもかかわらず、彼の友達が数人来て酒盛りが始まった。

ギャラリーのオーナーと彼との通訳も兼ねていた私は、「もう出なくてはいけない」と彼らをたしなめなければならなかった。

ところが、それはカルロスを激怒させることになった。彼はその後もこの件をずっと根に持っていた。

私はそれまで度々彼の個展をサポートしてきた。準備からいろいろ一緒にやってとても上手くいったように見えたが、最後のこの一件で、私は彼の仕事にかかわるのはやめようと思った。

個展のエピソードはほんの一例で、彼のアップダウンの激しさ、理不尽な理論、意味不明の怒りやその場限りの取り繕い言動など、理解できないことが多々あった。

そもそもアルコール依存症だった彼が、飲まなくなって付き合いやすい人になったわけでなく、赤ちゃんが幼児になったレベルだった。年齢は大人なのでプライドもあり、より大変だった。

さらに、山梨に引っ越す一年半ほど前から、彼には仲の良い女友達がいた。そして彼女は彼のアートをとても理解しているようだった。

山梨に来てからも東京の彼女との付き合いは頻繁だった。

私が「その子と一緒になりたいの?」と尋ねると、彼女自身は望んでいないがカルロスが一緒に暮らすことを望んでいることが分かった。

彼女のことのみならず、彼は感覚と感性で進む方向を決める人だった。そのためポジティブなエネルギーに引き寄せられるのは当然で、落ち込んでいる私とは一緒にいたくなかったのだろう。

今になって思えば、この時が彼と別れるいいタイミングだったことが分かる。だが当時の私は離婚を阻止しようとした。

山梨に越してきたばかりの私は頼れる友人もおらず、カルロスと離れて独りになるのは耐えられそうになかった。心の深いところでは、壮絶なお酒の問題を越えて二人にとって新しい人生がこれからという時に、別な人に持っていかれるのが耐えられなかったのかもしれない。

ただし当時は理解できていない理由もあった。

それは彼と私の他生での深い結びつきと、今生でのミッションに関係する縁だった。

(それは後の章で記すことにする)

だから簡単には彼と別れられなかったのだ。

当時の日記に離婚を言われてから気づいたことが綴られていた。

＊

彼の冷たさにあうと心が傷つく。

私はこんな態度を彼にしていたのか？

彼の愛情を当たり前に思い、彼は私から離れないとたかをくくっていた。

彼が「ミホさん」「MIHO LINDA（君は美しいよ）」「Te amo（愛してる）」といつも言ってくれていたのに、「しつこい、うざったい」と思っていた私。


どれほど私はそっけなく当たり前のことのように、受け流してきたか。あしらってきたか。

ハグやベソ（キス）をされる時、私は突っ立ったままでハグやベソを返さない時もあった。

彼には時々「君には大事なことじゃないんだね」と言われる時もあった。

「ミホリンダ（美しい）」と言われる度に私は「美しくないから」と拒んでいた。

「どうして君は美しいのに」と彼が言っても口だけだよね、と思っていた。

「どんなミホでも愛しているよ」と言ってくれても、私は彼の言葉を丸ごと受け入れられずに、そうなら、ちゃんと仕事して稼いできてほしい。

物質的に分かるように示してほしいと思っていたんだ。

こんなに愛されていたのに。こんなに豊かな愛情表現をしてくれていたのに。

今初めて分かった。

お金より家より車より、愛の方が大事なんだって。

ハグもベソもいつの間にかなくなり、はたとあれっ？最近ないなって。

今頃か？

愛されなくなってから気づくなんて、なんて愚かなんだろう。

四年も前から、その前からも、ずっとずっと彼は私のことを愛してくれていたのに。

私は気づかなかった。こんな大事なことをどうして今頃気づいたんだろう。


彼の愛をほとんど失ってしまって。私の強欲さと傲慢さ。彼がエゴイストなわけじゃない。

私が彼のすべてを愛してこず、彼の一部であるアートにも本当に価値を持てず、彼の愛を重いからといって受け入れられなかった。

どうしたらいいの？　どうやって償えばいいの？


彼が愛してくれたように私も傷つきながらも愛し続ければいいの？

教えてください。神様。私はもう頼れるものはあなたしかいません。

カルロスにいくら謝ったところで、今の彼は受け入れてくれそうにありません。

許してくれたとしても愛が戻ってくるわけではない。

私がしてきたことを認め、彼に謝り、拒否されても愛されなくてもそれを受け入れるしかないのですね。

＊

これに気づき、彼にシェアし謝ったことで、その時彼は離婚に踏み切らなかった。

しかし、気持ちの離れた人と一緒にいることは、痛みを伴うとても苦しいものだった。

この頃、私は物欲も減って物も買わずシンプルに暮らしていたつもりだったが、実は現実主義で愛情表現を物や働くという行動で示してほしいと思っていた。

たとえば、お誕生日に素敵なレストランに行って食事をするとか、お花をプレゼントしてくれるとか、ケーキを買ってきてくれるとか。そんなささやかなことを望んでいた。

私にとって愛を形で現すというのはそういうことだった。

そして、彼の生活費は自分で稼いで欲しかった。だがそれは努力しても難しいことだと分かっていたので、それ以上は望まなかった。

しかし、私一人で生活を支えるのは、私の理想の結婚スタイルとかけ離れていた。

お互いがやりたいことのために経済は自立し、足りないところを補い助け合うという形をイメージしていた。

いくら努力しても行きつくところのない輪の中で幸せに暮らしたいと必死にもがいていたのだ

と思う。

執筆にあたり、当時のことを書くのはとても大変だった。自分がどういう人間だったのかを見たくなかったのだ。

だが、当時の自分がなければ今の自分はない。実はこの一部は記憶から抹消されていた。

それが原稿を書き直している時に、処分したはずの日記が現れた。

それでつらかった状況を思い出すことになった。

しかしながら、苦しすぎて書けなかった。

だが、少しずつ真髄に近づいてきた。


もう一つ見たくない自分が出てきた。

それは自分自身のすべてを心の底から肯定していなかったことだ。

だから彼からの称賛を素直に受け取ることが難しかったのだ。

彼は私という全存在を尊重し、ストレートに愛情表現してくれていた。

彼は写真を撮るのが好きで、気づくと私の写真をたくさん撮っていた。

しかし、私は自分の顔が映っているのが嫌で「どうしてこんな変な写真ばかり撮るのか？」と文句を言う始末だった。

彼はどんな私でも丸ごと愛してくれていたのに。

私は、同じように彼に対して彼の存在すべてを肯定することができなかった。

それが彼の一部でもあるアートを〝理解してくれない〟ということだったのだと、今頃気づいた。
ごめんね。カルロス。

私たちのストーリーはまだまだ先が続く。
最終的には、魂の家族として私たちが出会った意味が分かっていくのだ。

当時の日記に、私の魂から私自身へ、労いとなぐさめのメッセージが残されていた。
（〝僕〟という一人称スタイルですが、カルロスの言葉ではありません。）

*

よくやってきたね。
君は君がやれる最大のことを十分やってきたよ。
僕と一緒になることを選び、僕が苦しんでいた時に支えてくれた。
勇気があるよ。僕を選んだことは。
一緒に歩いてきたこと
君はすごい人だよ。
今こうなっているのは、君のせいじゃない。

誰のせいでもないんだ。
君が自分のせいだと思い、小さくなってしまうのは
僕もつらい。
君は君の大きな仕事をやっていく人なんだ。
君は沢山の人に愛されているよ。
僕が例え愛さなくなっても
君は沢山の人の愛を受け入れ愛して行くよ。

そして、たくさんのものとつながっているよ。
人だけじゃなく、自然、大地、月、太陽・・・
大地とつながる。
このエネルギーを感じられる限り、君はどんなことも乗り越えていけるよ。
君が思うようになれる。奇跡は起こり続ける。
それは奇跡ではなく、君自身の力だ。
すべてうまくいく。
君が向かう方向に流れていくことができるよ。
自分を信じて、君の中にある愛を信じて。
君の中には全ての人を包み、万物を許すことができる愛が育っている。

その愛は君自身にも与えることができるよ。

君の中にあるものだから、君自身を愛でいっぱいにできる。

素晴らしいことだよ。

愛せるということは許せるということだ。

それは、愛が愛をよぶ。

人を自然を万物を愛するということは
全てを受け入れ、理解するということ。
そんな底知れぬ愛を育んできた。
あとは、それを信じて使えばいい。愛すればいい。
自分も人も万物も・・・

2　衝撃的な転機

二〇〇五年二月、グアテマラへ日本人を案内する初めてのミニツアーにチャレンジした。

離婚への危機によってカルロスとの関係が良好になったわけではなかったが、どうにか乗り越えた。

今回はカルロスにツアーの運転手役を引き受けてもらうことで、彼にとって初の帰国となった。

彼が日本に来てから経済的にも精神的にも余裕がなく、二人でグアテマラへ帰るのは夢の夢になっていた。

彼を伴ってのグアテマラ行きを思いついてから、出発まで一カ月しかなかった。

カルロスがトランジットするための二カ国ビザ取得は、時間的にとても厳しかったが様々な壁を二人でひとつひとつ乗り越えていった。

ギリギリでビザが取れ、旅費の工面をし、夢が叶った私たちにとって喜びの出発だった。


参加者は二人の日本人で、一人はラテン好きの男性Mさん。

もう一人は、当時カナダ在住のKちゃん。友達の紹介で初対面だ。

彼らとグアテマラの空港で合流した。カルロスの叔父さんに車を借りて、私が大好きな場所へ案内するという旅だった。グアテマラを車で旅するのは始めてだ。

バスは決められた通りに走るだけだが、車は好きな時に好きな場所で休んだり、ゆっくり景色を見て写真を撮ったりできる。なんとも贅沢な旅だ。

カルロスは久しぶりの帰国で、私や日本人を連れ、車を運転し、故郷に錦を飾るようなテンションだった。

首都のグアテマラシティから北部へ向かうとだんだん乾燥地帯になっていく。木も少なく、サボテンの仲間のマゲイなどがポツポツある風景が続いた。

およその行程時間は十時間ほど。長い距離と灼熱の太陽の中でエアコンなしの長旅だった。

時々、道沿いのスイカやパパイヤなど売っているバナナの葉を屋根にした店に立ち寄り、スイカを食べ、搾りたてのジュースを飲んだ。

新鮮なフルーツは、私たちの喉と身体を潤してくれた。


グアテマラという言葉の意味は、マヤ語で〝森のある場所〟を意味すると言われる。

北部のペテン県へ行くにつれ、だんだん森が濃くなっていく。

森と湖沿いのエル・レマテ村に着いた私たちは、予約していた村はずれの湖畔のホテルに泊まった。


道を歩いているとポワッと光るものが両側にあった。蛍だった。

蛍で出来た光のイルミネーションの道。

湖は月の明かりで照らされていた。

蛍と月光の輝きは、異次元に迷い込んだかと思うほど美しかった。

村には電気がなく、ホテルの灯りはろうそくとランタンだ。

シャワーはお水のみだった。

熱帯の気候なので、昼間は水の方が気持ちがいいくらいだ。

部屋の窓にガラスはなく、夜はブラインドを下ろすだけだ。ベッドには蚊帳があった。

外と中の境があまりなく、カサカサする虫の動きや動物の声などを身近に感じ、まるでジャングルの中で眠る感覚だった。

翌日早朝四時に起き、まだ薄暗い中四人で出発。マヤ遺跡ティカルを車で訪ねた。

幻想的な朝靄《もや》の中を歩いた。

静けさの中、それを貫くような鳥や動物の声。

姿は見えないが森を飛び交う音。

清々しい空気。

靄《もや》の中から突然神殿が現れた。

七二メートルもあるⅣ号神殿の長い階段を一歩一歩登り、一番上まで辿り着いた。

上からの景色は、見渡す限りどこまでも続く〝緑の海〟の絶景だった。


緑は森。

空、風、雲、太陽、森と私は一体となった。

懐かしいような光景。

何千年もここにあった森。

古代マヤの人たちは森と共にいたのだ。

私はその景色に息を飲むほど感動して、かなりの時間自分の世界に浸り、彼らと登っていることさえ忘れていた。

Kちゃんも感動している様子で、景色に見入っていた。

カルロスは何回も来ているので、もう他の観光客と会話していた。

Mさんは、素晴らしい景色をカメラに収めていた。


ティカル遺跡を後にして村に戻った私たちは、リゴに森を案内してもらった。

リゴは森の色々な植物や樹木の名前や効能、使い方を話してくれた。

みんな、彼が教えてくれる葉っぱの匂いを嗅いだり、実を触ったりした。

そして、彼の知識だけでなく、森への愛と誰でも受け入れる懐の広さと、リゴトークの面白さを感じていた様子だった。

彼は森で採ってきたベフコという木片でお茶を淹れてくれた。

とてもやさしい味がした。

リゴの家で、彼の奥さんウイルマと一緒にペピアンというグアテマラ伝統料理を作った。ペピアンは香辛料、カボチャの種、トマトなどをチキンと煮込んだ煮込み料理。

リゴ家族九人と私たちも合わせて一三人でかなりの量だ。

ペピアンは独特な病みつきになる味だった。

グアテマラの主食とうもろこしのトルティーヤも作った。

MさんとKちゃんもトルティーヤの生地を手の平の上で平たく伸ばし、鉄板の上に生地をのせて薪の火で焼いた。

ハフハフ言いながら食べる焼きたてのトルティーヤはこの上なく美味しい。

エル・レマテ村で三日間の森を満喫した後、またグアテマラシティ方面へと戻っていった。

道中、私の人生を大きく変えてしまう衝撃的な場面に出くわすことになるのだ。

＊

突然、森が燃えている光景が目に入ってきた。

「えっ何これ？　もしかして、森？

森が燃えている？」

車を停めて立ち尽くした。

轟々《ごうごう》と燃えている森。

あちらこちらから煙が立ち昇っている。

燃え尽きたところは枯れ木のような哀れな姿。

炭になった大地。

逃げ惑う獣や鳥や虫たち。

逃げることが出来なかった樹木や草花たち。

これが、現実だとは思えなかった。

凝視できない。

しかし何が起きているのか見なくては。

森と私の苦しみが合わさり、自分の身が切られるかのように痛いと感じる。

「張り裂けそう」

「苦しい」

「やめてくれ」

言葉にならない。

嗚咽。


自分の身体が焼かれているような辛さを味わい、私は放心状態となった。


この森と大地は私に見せたのだ。

「すまない」。こんな状況を作ってしまって。

自らの身を削って見せてくれた。

私の行動が遅いから。

あなたは見せてくれた。

これほどの痛みと苦しみを伴って私に見せてくれた。

今なら分かる。

どれほどの代償があろうとも私にそれを見せる必要があった。

私を動かすために。

地球の宝である森がどうして燃やされているのか？

後で、周りの状況を見て分かった。

森を切り開いて肉牛生産のための牧場を作るためだったのだ。

その現実を直視し、ますます悲しくなった。

自分たちの食べるお肉のために、この豊かな森がいとも簡単に燃やされてしまっているとは！

なんという愚かなことをしているのだろうか。

私もその一翼を担っているのを知り、その日からお肉を食べるのをやめた。

いや、食べられなくなったのだ。

森が燃えているというショッキングな場面に遭遇したのが、私にとって衝撃的な転機となった。

3　シャーマンドン・ペドロとの出会い

Kちゃんがグアテマラを去る前日、「カナダに住むグアテマラ人の友達から紹介された人にぜひ会いたい」と言う。

名前はドン・ペドロ。（ドンは敬称）

連絡先に電話をすると急だったにも関わらず、翌日会えることになった。

私たちは、彼が何者なのかも知らず会いに行った。

車で二時間半ほどかけ、彼が住む村に着いた。

マヤ先住民のキチェ族が住み、トウモロコシ畑と小さな教会と学校がある、のどかな村だった。

ドン・ペドロは、見ず知らずの私たちを暖かく迎えてくれた。

彼は五〇歳前後で、身長は先住民の中では高く一七〇センチ以上ありそうだ。

体格もよく、穏やかな人柄に見えた。奥さんには会えなかった。

彼らの家はこじんまりとして、中庭には木が生え、ぐるりと敷地を囲んだ部屋があった。

庭の東側には祭祀用らしい石が並べてあり、花が供えられている。地面には松の葉が敷かれていた。

裏手の畑には、トウモロコシや豆、数種類の野菜が植えられていた。

その日はお互いを紹介し雑談して別れた。内容はまるで記憶がない。

会話中、彼自身は自分がシャーマンだとは言わなかったが、私はマヤの儀式をする人だと感じた。


三週間ほど共に過ごしたKちゃんとMさんが去った後、私たちはカルロスの知り合いの家の一部屋を借りた。カルロスはグアテマラ滞在中に個展開催を決めて、社交性を発揮し、意欲的に友達を作っていた。

私はというと、燃えている森を見て以来胸が痛み、無力感に襲われ、苦悶していた。

「なぜこんなにも苦痛を感じているのだろうか？

森を守るために、自分が何をすればいいのだろうか？」

ただただ絶望の闇の中にいた。

滞在していたアンティグアには教会がいくつもあった。

キリスト教徒ではないが、混迷状態だった私は、精神を静め、心を落ち着かせるために教会の門をくぐった。


「神様、どうか教えてください。森を守るために、私は何をしたらいいのでしょうか？」。ただそれだけを祈った。

祈るたびに溢れる涙。

しかし、はっきりとした答えは見つからなかった。

4　マヤの儀式をうける

最初の訪問からそれほど日を空けず、私は一人でドン・ペドロを訪ねた。

この時は車ではなく、ローカルバスを乗り継いで行ったため四時間近くかかった。

自分が何のために行くのか分からなかったが、ただ、強い衝動に促されるままドン・ペドロに会いに行った。

この時の体験が私の人生を大きく変えることになろうとは、思いもよらなかった。


彼の家に着くと、先日は通されなかった奥の庭へそのまま通された。

そこは少人数で儀式をするための特別なスペースだった。

蔓の絡まった枝が庭をドーム状に覆い、何かに守られている特殊な空間だった。

東側にはたくさんの花、火が灯された大きな二本のろうそく。

こんもりとした灰の山には赤い残り火。

地面には青々とした松の葉が敷き詰められ、小さな木の椅子が置かれていた。

ドン・ペドロは「そこで少し待っていて」と言って、どこかへ行った。

一人残された私は、彼が戻ってくるまでその場を味わった。

辺りは霧で真っ白だったが、火の暖かさと庭木のドームが私の身を守ってくれている気がした。


突然強烈な何かが突き上げ、私は号泣し始めた。

どうして自分が泣いているのか分からない。

魂の深みから何かがこんこんと湧き上がってくる。

気がつくとドン・ペドロがかごを持って静かに立っていた。

かごの中にはたくさんの赤と緑のろうそく。

ひょうたんの入れ物〝ヒカラ〟に入ったトウモロコシの種。

お砂糖、〝オコテ〟という焚き付けに使う木片、木の樹脂で作った〝コパル〟というお香、コパルの塊で作った〝コパルポン〟。

ドン・ペドロは今からミホのためにプロテクト（守護）する儀式を行うと言った。

私が頼んだわけでもなく、そうすることが決まっていたかのごとく始まった。


彼は大地の上にお砂糖を十字にまき、その周りを囲んでサークルを作った。

その中にコパル、コパルポンを置き、その上にオコテ、ローズマリーを置く。

彼が「今日はエネルギーの強い日だから赤のろうそく。君がミッションを進めていくから緑のろうそくを使おう」と言った。

彼の頭には織物の布が巻かれ、膝を大地につけ、聞いたことのない言語で祈り始めた。

そして、サークルに盛り上げられたオコテに火を点けた。

火は少しずつ大きく燃えはじめ、次第にサークルいっぱいに広がっていった。

ドン・ペドロは時々大地に頭をつけて地面にキスをする行為をした。

私も彼にならって大地に膝をつき、火に祈り大地に頭をたれた。

目を瞑り、彼の言葉を心で聞き火を感じていた。

燃えているサークルからとてもいい香りがしてくる。

コパルの匂いだった。

嗅覚も私の深いところを刺激した。

涙は砂浜に寄せる波の様にこぼれ続けた。

ペドロは儀式の途中、

「あなたはこの火に何を聞きたいですか?」と私に尋ねた。

私は答えた。

「森が燃えています。森を守るにはどうしたらいいですか?」

それしか思いつかなかった。

彼は緑のろうそくを使って、ペテンのジャングルとティエラ・マドレ・プロジェクトの活動についてて祈った。

私の祖先や家族、日本の火山、マヤの聖地、湖、カルロスについても祈ってくれた。

森や大地、動物に対して感謝の気持ちを言った。

人間がやってきたことに対して許しをこうた。

そして、緑の葉っぱで私の足、手、頭、肩、腕、お腹を撫でていった。

彼の言葉はとても心地よく、私の思考を超えたところに届き、深いところで、かつてなかった作用が起こっていた。

私が恍惚《こうこつ》状態の間にいつのまにか大きな火は小さくなり、灰になって儀式は終わっていた。

遠のいていた意識が、少しずつここに戻ってきた。

儀式の後、ドン・ペドロは私にこう告げた。

「火は語っていたよ。ミホはとても強いエネルギーを持っているよ。このマヤの大地と、とても深いところでつながっている」と。

この言葉がとても大事なメッセージだったため、私の中に深く残った。

私は放心状態でバスを乗り継ぎ一時間半ほどかけて、アティトラン湖畔の町、パナハッチェルの常宿に移動した。

ホテルの部屋のベッドの上でぼっーとしながら、起こったことを思い返していた。

すると、また涙が出てきて先ほどの感覚が戻ってきた。

魂の奥深くからの叫びにも似た咽《むせ》び。

悲しいわけでも苦しいわけでもなく、頭脳では理解できないが深いところで閉じていた蓋が開いて、中から湧きだすように涙が込み上げてくる。

そして、「どうやって森を守ったらいいのか教えて下さい」と祈っていた。

すると、私の口から知らない言葉が出てきた。

少しずつリズムを帯びてきてメロディを奏ではじめる。

深いところから待っていましたとばかりに溢れ出てくる。

最初は小さな声だったが、もっともっと大きな声を出したくなった。

宿泊している人に聞かれないか？と一瞬思ったが、もうどうでもよくなって知らない言葉が紡ぎ出されていくに任せて初めて魂の唄を唄った。

魂の言葉とリズムが私の声を通して現れる。

美しく、悲しい響き。

私の魂はここから来た。

ここ、とは、マヤの地。

私の魂はこのマヤから来たのだ。


この旅の出来事で、長い間の疑問が解け、私の強い衝動の根源がつかめた。

グアテマラという地に導かれてここに戻りたいと何度も願った理由。

日本の森でなく、マヤの森を守りたい、という強い思いはどこから来ていたのか?

今回の旅で、森が燃えているのを見てあれほど苦しく、まるで自身が焼かれたように痛かったのはどうしてだったのか?

いくつもあったクエッションが腑に落ちた。

グアテマラと出会ったのも、森が燃えているのを見たのも、ドン・ペドロと出会ったのも、すべては偶然ではなかった。

そう、私がやるしかないのだ。

想像するだけでもあまりに大きすぎる使命に身がすくむ思いだった。

この日は私にとって忘れられない日となった。

5 〝私に出来ること〟をやる

私たちはグアテマラのアンティグアに滞在していた。

私は燃やされている森を見た衝撃によって、自分の内部が思ったより深くダメージを受け苦しんでいるのが分かった。

毎日のように教会に行き、神に「森を守るために何が出来るか教えてください」と祈り求めた。

ある日私は、具体的な行動に移したくなった。

一人で何が出来る？

私に出来ることは限られているかもしれない。

それでも「私に出来ることからやるしかない」という結論に至った。

そこで思いついたのは、メッセージTシャツを作って、「森が失われているという事実をみんなに知ってもらおう」というアイデアだった。

まず《豊かな森→燃えている森→牧場→ハンバーガー》という構図をラフスケッチで描いてみた。

牧場からハンバーガーという流れにしたのは、日本や先進国で売られている安いハンバーガーはどうやって出来ているのか昔から疑問に思っていたからだ。

森が焼かれているのを知り、そうだったのかと腑に落ちた。

先進国の牧場で育てられた牛でハンバーガーを作ったら、あれほど安い値段にはならない。

以前〝ハンバーガーコネクション〟という言葉を聞いたことがあった。

アメリカで安いハンバーガーを作るために中央アメリカで熱帯林が消滅しているという話で、某メーカーのハンバーガーを一つ食べると熱帯林の約九平方メートルが失われると環境団体で試算されていた。

まさに、それだった。

牛肉一キロを生産するのに必要な飼料（穀物）は八キロ。その分だけ、途上国といわれる国の人達の食料を奪っている。

もう一つのTシャツデザインは、地球に木が深く根を下ろしていて地上には木と共に暮らす人や動物や植物たちがいる。

ティエラ・マドレ（母なる大地）と名付けた。

その二つのスケッチを元にカルロスに色付けしてもらい、彼の友達の印刷工場に依頼し、瞬くまにTシャツが完成した。

〝Noハンバーガー・Tシャツ〟と〝ティエラ・マドレ・Tシャツ〟。

ちょうどその頃、カルロスはグアテマラで、絵の個展を開く準備をしていた。

そうこうしているうちにティエラ・マドレ・プロジェクト主催による絵の展示と、森の現状を伝えるイベントを開催する流れになった。

カルロスや彼の友達の間でとんとん拍子に話が進み、キューバのミュージシャンや在グアテマラの日本人の若者たちのライブが行われる規模まで話が膨らんだ。

そして、当日私が森の話をする流れになってしまった。

しかもスペイン語で！

日常会話は何とか出来ても人前で語るほど流暢に話せない。

もう怖くて仕方なかった。

あれこれ考えているうちにあっという間に当日になった。

私の出番になり、ペテン県の森が焼かれて肉牛生産のために牧場になっていたことと、森の危機と守っていく必要性を伝えたかった。

声が震え、体全体がガクガクしてまともに話せなかった。

しかし、今思うとどうやってあんなイベントができたのか不思議な気がする。

グアテマラ初のイベントは、私の想定をはるかに超え発展していたのだ。

お客さんは日本人もグアテマラ人もたくさん来てくれた。

お世話になったペドロ夫妻も来てくれた。

そして、参加した人たちに出来たばかりのTシャツを紹介し買ってもらった。

Tシャツは各一〇〇枚ずつ作成し二〇~三〇枚売れた。

入場料は無料で、Tシャツの売り上げがイベント資金の一部になった。

日本大使館の人やその町に住む友達やグアテマラ人の知り合いも来てくれ、微力ながらグアテマラの森を守ろうしていることは知ってもらえたと思う。


カルロスは、個展と一緒にイベントが出来てとても満足そうだった。

一見成功したかのように見えたが、私は今回もカルロスと一緒に目的を達成させる難しさを感じ、後味の悪さが残った。


今思うとこのグアテマラでの初イベントはカルロスと私の意図が違っていたので、不完全燃焼で終わってしまった。

カルロスは故郷で初の個展を成功させる、私は森を守っていく重要性を現地の人に伝える意図を持っていたが、それらは一致していなかったのだ。

しかも、私が燃やされている悲惨な森の状況を話しているとき、カルロスに遮られてしまい、最後まで十分に伝えられなかった。私はとても深く傷つき悔いが残った。

彼と組んでみたが、私の志と熱意は中途半端な形に終わり、残念な結末だった。

6　森の女性たちとの出会いと見えた道筋

二〇〇五年五月、衝撃的な体験をしたグアテマラから日本に帰国した。

しかしティエラ・マドレ・プロジェクトの啓蒙活動では、直接グアテマラの森を守れないと感じ、もどかしさが日に日に増していた。

もう一度現地へ行くしかないと思い立ち、二〇〇六年二月、私は一人でグアテマラを訪ねた。

カルロスと私は相変わらず、はかばかしくない関係のままだった。物理的に離れることも必要だと思った。


「何かをつかみたい」という想いを強く持った出発だった。

私はグアテマラ北部ペテン県のエル・レマテ村に滞在した。

友人のリゴベルトから隣村のイシュル村で女性たちがラモンの実を使って、〝何らかの仕事をしている〟という情報を得た。

早速イシュル村までヒッチハイクで行き、人づてに訪ね歩いて、目標の女性の家がようやく見つかった。彼女の名前は、グラディス。

女性たちはグラディスの家の庭でラモンの実を黒いビニールシートに広げ、天日に干していた。

さらに乾燥した実を手製の原始的な方法で炒っていた。

（金網を張った木枠の中に実を入れ、火の上でそれを揺らして焙煎する）

「わぁーすごい！」

一人でやるのは難しいと思っていたラモンの実の加工を、形にしている人たちの存在に感動を覚えた。

見ているだけでも興奮が収まらない。

聞くところによると、グラディスたちは数人で加工を始めたばかりだという。

興奮気味な自分を抑え、こう申し出た。

「私もお手伝いがしたい。何が必要ですか？」すると返事が返ってきた。

「私たちは今このプロジェクトを始めたばかりなの。ラモンの商品化をしたけれど、必要なのは、マーケットなの」と。

それを聞いた時点で、私は心に決めた。

「日本で市場を開拓する！」と。

その場で口に出したかは覚えていないが、心の高鳴りを感じた。

実際にはどれほど困難か、その時は全く考えていなかった。

「もう、これしかない！」と強く思ったのだ。

翌日私は、近くの別の村でワークショップがあると聞き、リゴベルトの娘達を誘って行った。

イシュル村のメンバーが中心になって、女性や子どもたちにラモンの実を使った料理やデザートなどを教えていた。

焚き火に大きな鍋をかけ、生のラモンの実をぐらぐら沸騰したお湯で茹でている。

茹であがった実を手動のミキサーで細かく潰し、トルティーヤにして焼いた。

ラモンの実で作ったトルティーヤは緑色でトウモロコシから作るものとは違う深い味わいだった。

他にもサラダやプディング、ケーキにクッキー、シェイクなど、様々なメニューがあって驚いた。

だが驚きは、それだけではなかった。

前々から私はラモンの実に、高い栄養成分が含まれていると聞いていた。

しかし具体的な栄養素については情報がなかった。

そこで私は、友人を通じ大学の研究者に精査を依頼してみたが、実現してはいなかった。

ところがその日訪れた会場の壁に、栄養成分グラフが貼られていたのだ！

想像以上に多種類・豊富な栄養素が入っていた！

料理のバリエーションがたくさんあるだけでも大興奮なのに、夢にまで見たラモンの栄養成分分析がここにあるなんて！

頭の中で、カランカランと教会の鐘が鳴り響いた。

さらに会場で、グループを支援していた米国の団体「EQUILIBRIUMFUND（現：MayaNutInstitute）」の代表エリカ・ヴォフマンと知り合った。

彼女とはゆっくり話したいと思い、別な日に訪ねた。

エリカは米国のNGOを組織し、ラモンが人々の貧困の助けになると考え、グアテマラでラモンが多く存在するペテンで活動を始めたのだ。

科学者でもある彼女は、ラモンに豊富な栄養があるのを知っていて、現地の貧しい人々の健康増進につながると考えていたのだ。


私自身の目標は、第一に森を守りたいという願いだが、彼女と目的が違ってもお互いに相互協力できると確信した。

グラディスたちの地元女性グループを、米国人であるエリカのNGOが支え、日本人の私がマーケットを開拓する。

そうすることで、現地の人々の生活と森林保護がクルマの両輪のようにうまく回っていくかもしれないと考えた。

森に住む人たちがラモンの実を収穫してイシュル村の女性たちが加工する。

加工されたラモンをマーケット開拓し販売ルートに乗せていくことが、この時自ら担った役割だった。

ラモンを使って、森を守り、みんなが幸せになる循環を作っていく。

私はそう心に誓った。

7　人生最悪のどん底から這い上がる

ラモンを輸入しようと心に決め日本に帰国したものの、その時の私は、グアテマラへの渡航費と滞在費で蓄えを使い果たし、資金がなかった。

その上、支払いも溜まっていて経済的危機だった。

今までと同様に働いていてはラモンの輸入はおろか、日々の生活もままならなかった。

おまけにカルロスとの関係は好転の兆しが見えず、いつまでたっても埒が明かない状況が続くだけだった。

すべてをふっ切りたい。

グアテマラで得た確かな感覚を、前へ進めていくには何かを変えなければならないのは明らかだった。

でも、どうやって？

そんな時にフッと閃いたのが、山小屋で働くというアイデアだった。

友達が尾瀬の山小屋に住み込みで働いたという話を思い出したのだ。

実は私は山が好きで、アルプスの山々に登ったこともある。

山で触れる天上の世界が居心地よく、降りたくない気持ちになり、いつか山小屋の仕事をしたいと思ったものだった。

山小屋で働けば、日常での生活費もかからず貯金できるのでは?と考えた。

それに加えて、カルロスとの関係も変えられるかもしれない、という密かな期待もあった。

思い立ったら即行動。

アルバイト誌で探し、すぐに尾瀬の山小屋での仕事が見つかり、採用が決まった。

山梨の借家はそのままにして、カルロスは富士山にほど近い友達の家にお世話になることになった。


いざ尾瀬の山小屋へ。

五月の連休後の尾瀬は、まだ雪がところどころに残る。

ちょうど水芭蕉の季節を迎え、繁忙期だった。

意気揚々と山小屋に入ったものの、現実はそんなに甘くなかった。

朝の五時から夜の九時までの長時間労働。途中、休憩三時間と食事時間がある。

朝から晩まで、掃除に食事の準備、配膳や重いものを運ぶなど仕事は想像以上にハードだった。

その上、慣れない集団生活は精神的にもきつかった。すぐに身体が悲鳴を上げた。

足が痛み、普通に歩けない上に、腕や手も腱鞘炎のような痛みがある。

「こんな状態で続けられるのか?」

布団にボロボロの身体を横たえ、悔しさに泣いた。

一週間くらいがピークで、これは無理、もう辞めようかと思ったが、ここであきらめて帰っても私には何もない。

「どうか続けられますように」と祈りながら眠る日々だった。

そうこうするうち、十日ほど経った。

だんだん身体が順応してきて、辛かった仕事や集団生活にも慣れてきた。

しかも、午後の長い休憩時間に散歩に出かけられるのだ。


ようやく外の世界に目が行くようになった。

山小屋は自然豊かな国立公園の中。当たり前のように大自然があった。

最初は余裕がなく周りの自然は目に入らなかったが、身体が楽になってからは休み時間が待ち遠しくなった。

私が働いていた場所は、〝尾瀬ヶ原〟という広大な湿地帯。

名前も知らない植物達が変化する様子を、日々眺めるのが楽しみになった。

尾瀬ヶ原の奥にそびえる燧ヶ岳《ひうちがだけ》も、前方に佇む至仏山《しぶつさん》も、その日の天候によって表情が刻々と変わっていく。

珍しい高山植物たち。初めて聞く鳥の声、木道を横切るへび。ビロード絨毯《じゅうたん》のような苔《こけ》。苔の胞子に滴る水滴。多くの年月かけてここにいる樹木たち。湿地帯に棲むカエルの合唱や小川のせせらぎ。太陽の優しさや雨風の強さ。漆黒の闇や闇の中に瞬く星。霧の中から現れる幻想的な風景。

一晩で出来上がった何千という蜘蛛の巣に夜露が結び、太陽の光が射す自然界の美しさ。

それらすべてがキラキラと私に語りかけてきて、からだの細胞ひとつひとつが喜んでいる。

一瞬一瞬の煌《きら》めきに至福を感じた。


休みの日はブナの森や湿原をただひたすら歩いた。

歩きながらたくさん涙を流すこともあった。

大自然の中を進んでいくと、自分という存在がとてもちっぽけに感じた。

私はいつしか山の神様、森の神様に話しかけていた。

「私の傷を癒してください。怒りや悲しみ、嫉妬から解放させて下さい。

私に生きるエネルギーを与えてください。

どうか神様、ラモンの仕事でマヤの森を守れるなら、私にその道を開いてください。

そして、心身の準備とその場所を与えてください」

そんなことを祈りながら、神と対話するのが日常となっていった。

次第に、ボロボロだった心と体が、山の神様、森の神様によって日に日に癒されていった。


ある日湿原の木道を歩いていた私は、山の間から湧き起こる雲を見た時、雷に打たれたように涙が溢れてきた。

私はその場に跪《ひざまず》き大地に平伏した。

悠然と目の前に存在する大自然。

これを創造した大いなるものの存在を全身全霊で実感し、感謝を超えた畏敬の念が湧いてきた。

尾瀬の山々や森やこの大自然に、どれだけ私は癒されたのだろう。

すると、ふと気づいたのだ。

『あなたがマヤの森を守ろうとしているから、私たちはあなたを癒したのだ』と。

マヤの森も、この尾瀬の山も森も自然も、地球上でひとつにつながっている。

そうだったのか。すべてはひとつなのだ。という感覚が湧いてきた。

とてつもない偉大な真理がこの身体と意識をつなげてくれた。

神が降臨したような瞬間だった。

私はこの尾瀬で次なるステップへ進む準備期間を与えられたのだった。

8　日本の山からラモンを輸入

二〇〇六年、私は四二歳になっていた。

尾瀬の山小屋で働き、大自然に精神的に癒され、経済的には毎月十六万円くらいのお給料をもらっていた。

貯金がようやく二十万円ほど貯まったのを見計らって、ある計画を実行に移した。

グアテマラからサンプル用のラモンパウダー約四五キロを輸入することにしたのだ。

今、振り返ると我ながらよくやったと思う。

山小屋で働く合間を縫って、携帯電話でグアテマラに国際電話をかけ、グラディスたち女性グループにサンプルを送ってくれるよう依頼した。

当時彼女たちはまだメールが出来ず、連絡手段は電話しかなかった。

時差がある中、どうやって電話で連絡をつけたのか記憶が定かではないが、ともかく輸入の準備を整えていった。

山小屋での生活に入る前、携帯電話さえ持っていなかった私は万が一のために、山小屋で唯一通じるとされた通信会社の携帯を購入した。

携帯が使えるのは休憩時間のみだったので、グアテマラの輸出輸送会社とのやりとりのためにメールを送受信できるよう準備万端でことに当たった。

まず女性グループによる輸入分のラモンの加工が済むと、イシュル村からグアテマラシティ経由で日本へ送ってもらうようグループと輸出輸送会社へ依頼した。

次に山で得たお金をグループと輸送会社へそれぞれ送金するのだが、当時、国際送金は東京の銀行窓口で手続きする方法しか知らなかった。

山から下界に降り東京まで丸一日かかる。そこで私は送金のために二泊三日の休みを取った。

さらに荷物が成田空港に届く日に合わせて休み、成田で荷物を引き取り、山梨へ運んでもらうよう宅配業者に手配した。

そして私は受け取るため山梨の自宅へ急行した。

さらに荷が搬入完了したら直ちに山小屋に戻るという離れ業をやってのけた。

事前の計画通りうまくことが運ばないと、次の仕事に間に合わなくなるスリル満点のスケジュールだったが、心のどこかでそれを楽しむ余裕が生まれていた。

プラン通り山小屋に到着できた時の嬉しかったことといったら！


私が山小屋にいる間、何人もの友達が訪ねてくれて、タイミングが合えば一緒に歩いた。

シーズンが終わって山小屋が閉鎖される十月初旬、尾瀬の大自然から十分に力を補充され、山での仕事を終えた私は五カ月ぶりに世俗世界へ戻っていった。

9　山から下界—中村隆市さんに会いに行く

山から現実世界に戻るのは、少し怖かった。

私が山や森から受け取ったものは本物だったのか？

私は本当に下界で生きていけるのか？

山梨での暮らしが、前と同じ状態に逆戻りするのでは？という不安が頭をよぎった。

だが現実にはラモンがあった。

山梨の家に戻ってくると、大きな米袋くらいのラモンパウダー四五キロがドーンとあった。

（当時のラモンは、今のマヤナッツパウダー浅煎りのみだった）

その時輸入したラモンは、グアテマラの国内仕様と同じ約四五〇グラムにパックされ、スペイン語のラベルが貼られていた。


日本仕様のラベルが必要だが、どのように作成すればいいのか分からない。

自分で日本語に訳したラベルを作ってみたものの、しっくりこなかった。

そして、友人知人のカフェやベジ系レストランに渡すのが関の山だった。

絵心のある友達に頼んでみたが、ピンとこなかった。よくよく考えたら当たり前。

その頃、私自身が商品名やコンセプトはおろか、どうやって売っていけばいいのか、全くイメージできなかったのだ。

「自分で考えているだけでは埒《らち》が明かない」

そう思った私は意を決して、中村隆市さんに会いに行くことにした。

中村さんは、すでに二〇年ほど前からコーヒーの輸入卸業を営んでおり、＊フェアトレードで、南米のエクアドルやブラジルの生産者と取り引きをしていた。

＊フェアトレード（Fairtrade、公正な貿易）とは、搾取のない公正な社会をつくるために、途上国の経済的社会的に弱い立場にある生産者と、強い立場にある先進国の買い手が対等な立場で行う貿易。生産者の労働環境や、地球環境などにも配慮した持続可能な取り引きのこと。

面識はなかったが、人づてに彼を知った私は、ラモンを輸入するならこの人から学ぼうと決めていた。

私は福岡の中村さんに会いに行った。目的は輸入に際してのノウハウや価格の決め方などの実務面を教えてもらうつもりだった。

私は初対面の中村さんに会い、ドキドキしながら自己紹介し、どうしてここに来たのかを話した。

中村さんは私にラモンはどんな実なのか？なぜラモンを輸入したいのか？などひとつひとつゆっくりと質問を投げかけて私の話をじっくり聞き、私が思ってもみなかった答えを返してきた。

「大田さんは、お客さんがこのラモンを手にして何に興味を持つと思いますか？　私は、今語ってくれたストーリーに惹かれると思うのですよ。

みんなが知らないこのラモンを売っていくのなら、大田さんがどうしてこれを広めようとしているのか、その背景を伝えていくことが大事ですね」

そんなアドバイスをしてくれた。

だが、正直言って私はがっかりした。もっとビジネス面のノウハウを期待していたから。

しかしながら、この答えは本質をついていた。

その時の私には、中村さんが伝えてくれた内容の大事さがすぐには理解できなかったが、後々しみじみと分かって来たのだった。

10　二回目の離婚―新しい二人の形

ラモンを輸入して日本で市場を開くというグアテマラでの決意は、誰に約束したわけでもなかった。自分の中でそうしようと決めただけ。

でも私は、自分自身に宣言した覚悟を、行動として一歩踏み出したのだ。

自宅に帰ると目の前にラモンの大きな荷があった。

それは想いが形として具現化した証だった。

袋を開けるとぷーんと何とも言えない、香ばしくやさしい香りが部屋中に広がった。

地球の裏側から届いた私のいのちの結晶。

この肉体を使って働き、すべての手配と段取りを自分で乗り越え今ここにある。

「私はやるのだ。このラモンを日本に広めることを」。荷を前にしておいおい泣いた。

＊

話は変わってカルロスとカルロスの女友達のことである。

私が尾瀬に行く前に彼女が他県から山梨に移ってきていた。

私は内心とても驚いた。

カルロスが彼女と暮らし始めたわけではなかったものの、私の中は感情の嵐が吹きまくった。

それでも尾瀬の山で過ごす間、傷ついた感情と向き合い、ジェラシー、妬み、怒りを解放したいと祈るうちに「彼女が本気なら、私から身を引こう」という境地に至った。


尾瀬の大自然に癒され、自分の中にあった苦い感情が溶解し始めた頃、私はラモン搬入のために山梨へ短時間帰るというプランが発生した。(6章の8に書いた内容です)

私は山にいる間、二人のことを夢にまで見るようになっていて、出来ることなら彼女と二人だけで直接話したいと思っていた。

すると突然、奇跡的なタイミングが訪れたのだ。まさに天の采配だった。

心臓をドキドキさせながら、今までの自分の気持ちを語り、彼女を非難していたことに対して謝った。

彼女も「美保さんと二人で話したかった」と自分の心境を語ってくれた。

私は彼女に対し、「カルロスが私と離婚し、あなたと結婚する事態になっても、それを受けとめる心づもりがあります」と話した。

彼女は「彼は大切な友達。結婚するつもりでいるわけではない」と語った。

私たちはお互いの率直な気持ちを言葉にし、受けとめ合った。

別れる時には彼女に親しみを感じるほど、私の気持ちは変化していた。

やがてすべての仕事を終了し、私が山から戻って来ると、なんと彼女は山梨から引っ越していなくなっていた！

私は驚き、拍子抜けしたが安堵もした。

ただし、カルロスと彼女の交友は遠距離で続いていた。

そして、友人のところで世話になっていた彼は、私が自宅に戻ってひと月もすると、再び私の家で暮らすようになった。

私自身の内面は、今までのような激情は息をひそめ、穏やかになっていった。

しかし、完全に消えたわけでもなかった。

そのため、私はカルロスとのジレンマに手こずっていると前に進めない焦りを感じた。


二〇〇七年二月のある日、私は教会で祈った。

すると〝離婚〟という言葉が降りてきた。

そのセンテンスに驚いたが、これはカルロスとの法的関係をリセットした方がいい。

……という天からのメッセージだと直感し、結婚の解消を決意した。

もちろんビザの件も含め、彼と話し合う必要があった。

いざ話してみると、本人もそれがいいという。

「ミホがいなくてもビザはどうにかなるよ」と。

そうして、二回目の離婚があっさり決まった。

彼の在住許可は離婚後、即刻切れるわけではなく、あと一年有効だったのだ。

離婚を決めた時の私は、とても幸せで自由に羽ばたけるような解放された気持ちだった。

そもそもビザのことがなければ入籍しなかったのだ。

離婚届を出したのは三月春分のうららかな日だった。

カルロスと私は共に四三歳になっていた。

＊

振り返ってみるとこの数年は私にとって苦悶の時期だった。

カルロスにお気に入りの女友達が現れてから、私の感情の揺れの激しさは自分でも驚くほどだった。

私は苦しすぎて、孤独で自分の狭い世界の中にいた。

そして、彼をつなぎ留めることが、私に唯一残された手段だとさえ考えていた。

心身もボロボロで、最悪の時はパニック障害にもなった。

私は彼女からの電話だと分かると呼吸が出来なくなった。

そこまでネガティブな情念満載だった私が、彼女と一回限りの会話で穏やかになれるとは、一体どういうことだったのか？

そもそも、思ってもない状況で対面出来たのも偶然ではない。

後々に分かったが、すべては私が進化するためのプロセスだったのだ。

彼女が現れなければカルロスは離れてゆかず、私はずっと愛されて当然だと思っていた。

けれど彼女の登場で、自分でも知らなかった内面が噴出したのだ。

私は自分の嫉妬や怒りを人のせいにし、悲劇のヒロインになっていた。

しかしその奥には、彼を失ったら一人で生きていけるのか?という根深い恐れがあったのだ。

そのため私は制御不能な恐怖感で自分を見失いそうになり、神に祈った。

私の祈る〝神〟とは特定の宗教ではなく、宇宙を創造した普遍的な神のことである。

「どうかこの苦しみから解放させてください」

すると……。

『あなたは一人ではないのですよ。やっと私に話しかけてくれたね。いつもあなたと共にいたのに、私に助けを求めてこなかったね』

全身に電気が走った！　私はメッセージに号泣した。

今までずっと見守ってくれていた神の愛を強烈に実感した瞬間だった。

こんなにも寄り添ってくれていたのに私は気づこうとしなかった。

「私は一人ではないんだ」と感じた。

私が孤独にさせられたのは、私が神や宇宙存在の声を受け取りやすくするためだったのだと悟った。

私が彼に精神的に頼っていると、神との語らいもしなくなるからだと。

こうして私は創造主たる神のサポートを受けながら、卒業すべきマインドを解放することが出来た。

そして、魂の自由を選択する真の愛へと目覚めていくきっかけになった。

あの彼女の役割は、私自身の表層的な恋愛感情をシフトさせ、普遍的な真の愛へ進化させることだったのかもしれない。

＊

離婚後、カルロスは東京で暮らすことになり、私はラモン（マヤナッツ）の仕事へ意識を注ぐことが出来た。

そして約半年後の二〇〇七年秋、彼は再び山梨に戻ってきた。

経済的な理由や、富士山を描きたかったためかもしれないが、その時の理由は今の私の記憶にはない。

とにかく彼は私の家から歩いて五分のところに家を借り、後々私の仕事のサポートもしてくれる流れとなったのだ。（この内容は次章に続きます）

彼は私の家に好きな時に来て、お風呂に入り、タイミングが合えばご飯を食べて帰った。

これだけ書くと、まるで彼が都合よく私との生活を続けていたかに聞こえる。

傍目からも、離婚した私たちの生活ぶりは奇妙なスタイルだったと思う。

しかし、それは彼の素直な気持ちが現れた日常生活だった。

カルロスという不思議な存在は、どこにいてもなんとか食いつなげるタイプだったし、法的にも離婚したのだから、どこに行こうと自由だった。

たとえ、例の彼女のところに行ったとしても、それはそれで仕方がないと私は内心覚悟していた。

ところが彼はそうしなかった。

そして、彼は「結婚とか離婚とか関係なく、僕はまだ美保のそばにいたいんだ」。そう想い、私の家に来てくれていることに気づいた。

彼が私の存在を肯定的に捉え、今もなお心の奥で愛してくれているのは紛れもない事実で、私はそれが嬉しかった。

もちろん、私自身が彼を愛し続けていることも紛れもない事実だった。

この穏やかなエネルギー基盤は私の心を安らかにさせ、二人の間にかつてない関係性が生じていた。


全てを解放した立場の上で、静かで深い愛が生まれたのだ。


大きな愛は、法も関係なく、別れてもなくならない魂の絆。

魂の絆は法律や世間の常識に囚われることなく続いていく。

真の愛は、自由。

その上でお互いの魂が望んでいることをサポートしあえるのが最良の関係なのだと思う。

私の魂が求めていた、ラモンを通じ森を守るミッションへと本腰を入れるためには、カルロスとの関係を成熟させる必要があったのだ。

第7章　仲間と創るびっくり展開

1　スロービジネススクールへ

二〇〇七年春、ラモンを世に出すための名前が今ひとつピンとこなかった。人に伝えて行くためにはもっと覚えやすく、多くの人に親しまれる名前がいい。そこで閃いたのが〝マヤナッツ〟という名前。

このナッツはマヤの森に育ち、古代マヤ時代から食されていたのだから。〝ラモンナッツ〟より〝マヤナッツ〟の方が俄然テンションが上がる。

よし、これからは〝マヤナッツ〟だ。

命名できたものの、どう商品化すればいいのか、遅々として進まず途方にくれた。

そんな折、友人の紹介で当時東京の町田にあったパン屋さんに営業に行った。

店主のMさんが私の話を聞いた後、意表をつくことを言った。

「これは一人でやることじゃない。ネットワークにつながってみんなでやっていくものだと思う」

その言葉がストーンと入ってきた。

そこで前から友人に薦められていたスロービジネススクール（SBS）というインターネット上で運営されている団体に入ることにした。

昨年私が訪ねたウインドファームの中村隆市さんが設立者で、彼自身が校長でもあった。

スロービジネスとは、持続可能で環境や人のいのちを大切にする仕事や生き方。

現在主流の経済優先のビジネスとは反対の、地球全体への慈しみを優先したビジネスだ。

この言葉を作ったのが中村さんで、意志に共感し目指す人達が集まるネットワークだった。

私に金銭的余裕はなかったが、入学金三万円を投資と思って入学した。

スクールといっても起業するためのノウハウを教えるところではなく、自然と調和した生き方を模索し、スロービジネスを創り出すために仲間を探し、広めていくための場。

そのためのアイデアや情報を共有する共同創造のネットワークだった。

私は五月に入学して六月の合宿に参加すれば、マヤナッツのプレゼンができると意気込んでいた。

ところがその後、事務局の手違いでプレゼンメンバーに入っていないことが判明し、激しいショックを受けた。しかも次のチャンスは一二月だった。

「プレゼン出来ないと前に進めない！　悔しい！　半年も待つのか！」。憤りさえ感じた。

しかし、気を取り直し、発表出来なくても合宿には参加した。

そこで私は初対面の人たちの中に入り、知り合いを作る努力をした。

内向的な私にとってもちろん苦手なことだが、泣き言を言っていられる段階ではなかった。

その際スペイン語ラベルのマヤナッツを持参し紹介した。なんと興味を持って買ってくれた人もいた。

そしてプレゼンターが発表する様子を聞き、魅力を感じた分科会に参加した。

私はそこで、発表者をサポートしようとする人たちのやりとりを見聞し、全体の流れを学ぶことが出来た。


ところで、当時の私の生活基盤は在宅介護の夜勤仕事を週二、三回することだった。

以前と同様に山梨から東京に通勤していた。

その他の収入としては、私のセレクトしたマヤ先住民織物の雑貨やバッグの販売だった。それらの臨時収入でどうにか生活できていた。

待つこと半年、二〇〇七年一二月、ようやくマヤナッツのプレゼンテーションが出来ることになった。

それは京都綾部での合宿の中で行われた。

参加の目的はマヤナッツを広めるべく、みんなに協力を求めることだ。

まず、現地の森の様子とマヤナッツに関する写真をスライドで見られるようにした。

さらに参加者にマヤナッツがどのようなものか、ぜひとも味わってもらいたかった。

運よく石窯でパンとピッツァを焼く企画があったので、生地に入れてもらえるよう手配した。

これらはプレゼン前日のランチで食べてもらうのだ。

加えて私自身も試作してきたマヤナッツ入りの様々なお菓子を作った。

そして、ラベルや材料表示を手書きし、初めて商品として販売できる段取りをした。

とにかく私はこの日のために最大限のお膳立てをしていったのだ。

発表者は八人。プレゼン時間は一人一五分と言われて原稿を準備しておいた。

ところが当日になって一人一〇分だと通告された！

おまけに私の前の順番だった中村校長のプレゼンが予定外に非常に長引き、待てど暮らせど終わらず、どんどん時間が過ぎ去っていった。

私はハラハラし、彼の話はほとんど耳に入らなかった。

そうこうするうちようやく終わった。

ところが進行係はあっさりと「大田さん五分でお願いします」と言う。

念入りに作成してきた原稿は一五分。

それなのに当日一〇分と言われ、原稿どおりには出来ないと覚悟した。

ところが最終的に五分へ制限され、発表プラン全てが白紙と化した。

「初めてのプレゼンなのに、土壇場で五分なんてありえない！　もうどうしよう！」

焦りと緊張で心臓の鼓動がマックスになった。

「この日のためにSBSに入り、全力を尽くしてきたのに……。

もう私の頭脳では手に負えない……。

神様お願いです。どうか、私にマヤの森のことを伝えさせてください」

祈りながらみんなの前に出た。

すると思考を超えたところから勝手に言葉が出てきた。

美しいマヤの森が燃やされ、大地が傷ついている情景がよみがえり、何とかしなくてはという想いが強く込み上げてきた。

私はマヤナッツが森を守るための希望なのだというメッセージを精一杯伝えた。

話し終えた時、安堵と共に皆に伝わった実感が沸き感無量だった。


あの時の私には森の精霊やマヤナッツのスピリットが宿ったのかもしれない。

後で事務局のMさんから「感動的なプレゼンだった」と言ってインタビューを申し込まれた。

この時の持ち時間が一五分から五分になったのも宇宙采配だったのかもしれない。

もし、私が準備していた原稿を緊張しつつ読んでいたら、熱い想いは伝わらなかっただろう。

土壇場でどうにもならなくなったため、思考を超え森とつながって話すことが出来たのだと思う。

この時の感想を二〇一八年になって伝えてくれた人がいた。

「私はあの場にいてプレゼンは単なるテクニカルではなく、情熱を込めることだと実感した。大田さんはマヤナッツの事業を必ずや成功させるだろうと思った」


全てのプレゼンテーション終了後、参加者達は発表内容に共感できる分科会へ分散する。嬉しいことに私のところにも六人集まってくれた。

そこで初めてマヤナッツのことをみんなで話し合えるという、私にとっては前代未聞の活気的な場となった。

与えられた時間は一時間半あった。最初の三〇分はマヤナッツを味わってもらおうと蒸し野菜に、マヤナッツ味噌ゴマディップを試食してもらった。

前日にパンやピッツァも食べてもらったが、プレゼン後の試食はまた違う。みんな、興味津々に味わってくれた。

試食の後はプレゼンの補足をし、私がどのような協力を求めているかについて話した。

もちろんマヤナッツの商品化と広め方についてで、早速議論がスタートした。

「まずは知ってもらうことが大切。そのためにパンフレットを作ろう」「マヤナッツ物語があるといい」「もっと手に取りやすいパッケージにすべき」「調理法のレシピも一緒に添えて販売した方がいい」など現実的な提案を頂き、具体的に動けることは即実行することになった。

この時に出されたアイデアだけでも、それまでの百倍くらい前進した。

話し合いの間、次々と出てくるみんなのアイデアに、私の心は高鳴りっぱなしだった。

分科会が終わってからも「今日は参加できなかったけれど応援したいから仲間に入れてね」と数名の人から声をかけられた。

みんなの反応がよかったのは、前もってマヤナッツ入りのピッツァやパンを食べたこと、マヤナッツディップの試食も効果があったかもしれない。

そうか、私のプレゼンはその時点からスタートしていたのだ。


振り返ってみると最初の合宿で発表出来なかったのは、宇宙采配だったと思う。

この半年という期間は、私がパソコンツールやＭＬ（メーリングリスト）投稿に慣れ、自分自身の想いを言語化するために必要な準備期間だったのだ。

六月の合宿でリアルつながりの知り合いが出来た。

彼らとネットを介したやりとりが開始されたことは、私に安心感を与えてくれた。

その上みんながマヤナッツを全く知らない状態でプレゼンするより、〝マヤナッツ〟の存在イメージを少しでも彼らの意識に入れておく必要があったのだと思う。

そして一二月。実際に食べられる形でマヤナッツが登場し、みんなのボディに入った。

さらに私の〝森と意識がつながったプレゼン〟の相乗効果で、参加者全体の心に火を灯し、共感の波紋が広がったのかもしれない。

初めてマヤナッツをこの世の中に広めていける仲間たちと出会えた日。

この日をどれだけ待ちわびていたか！

人生初といっても良いほど感慨深い日となった。

ここから〝マヤナッツプロジェクト〟と命名してチームが結成。

プロジェクト始動！

2　マヤナッツプロジェクト始動と怒涛の進化

合宿後、二〇〇七年一二月末から一カ月ほど一人でグアテマラへ行った。

ようやく現地のマヤナッツグループの人たちに会う気持ちになった。

「本格的に始めるよ」という今の意気込みを伝えに改めて会いたかったのだ。

彼女たちも約二年ぶりに突然訪れた私を見て驚き、喜んでくれた。

今回はグループの活動の様子を詳しく聞き、メンバー個々にインタビューも試みた。

実際の加工プロセスも詳しく教えてもらった。

前回は、マヤナッツパウダー（浅煎り）のみだったが、新しく増えて深煎りにしたマヤナッツコーヒーも出来ていた。

私は覚悟を決めて、両方を合わせて約一〇〇キロ買い付けてきた。

帰国後、二月初旬にマヤナッツが成田に届いた。

空港へ一人で行き税関で受け取りをし、運搬は運送会社にお願いした。

自宅にマヤナッツ五〇キロが二つ、クラフト雑貨約五〇キロの三つの大きな袋の塊が並んだ。

マヤの織物雑貨が入った袋を開けると先住民の匂いがする。帰ったばかりの私はもう懐かしさで戻りたくなる。

マヤナッツ一〇キロは、お米約一〇キロ相当の大きさで、お米一〇キロ袋が一〇袋積みあがっているイメージだ。

袋からは香しい匂いが部屋中に広がった。

匂いを嗅いだだけで神経細胞まで行き渡りリラックスした。

これから始まるマヤナッツプロジェクトで、このマヤナッツがどのように展開されるのか希望と力が溢れてきた。


荷物が届いてからは怒涛のようだった。

今までの何倍ものペースで物事が進んでいった。

合宿で出会った人たちを中心に自然な流れでマヤナッツプロジェクトチームが結成された。

仲間は全国にいてリアルに会えないため、マヤナッツの商品化に向けて話しあっていく場としてML（メーリングリスト）を開設した。

マヤナッツプロジェクト創成期メンバーは一三人。メンバーは固定ではなく、自由に関わることができた。

SBSネットワークの呼びかけやインタビュー記事により紹介され、人は日増しに増えていった。広告会社の人。営業が得意な人。チラシ作成やパソコンスキルがある人。カフェやお店経営者。お菓子作りが得意な人。英訳ができる人。事務能力がある人。錚々《そうそう》たるメンバーが集まっていた。


最初に始めたのは、商品名、ロゴ、キャッチコピー、表ラベル、裏ラベル（説明文）、袋、価格、チラシ作成などだった。

商品名はマヤナッツの浅煎りはお菓子やパンに使う粉として〝マヤナッツパウダー〟、深煎りをノンカフェインのコーヒー飲料として〝マヤナッツコーヒー〟とした。

目を見張るような人海戦術でロゴが出来、キャッチコピーが議論され、表ラベルが完成した。裏ラベルは伝える文章をまとめてくれる人がいて、食品表示のため、保健所、農林水産省等に確認し作っていった。

販売価格はそもそも比較対照できるものがなかった。原価計算から割り出したわけでなく、一般的に手頃な価格として一〇〇グラム五〇〇円に決めた。

これが後に利益を度外視した値段設定だと気づき変更を余儀なくされたが、この時点では分からなかった。

行動しながら考え、問題が生じればその都度変えていった。最初から完璧を求めていては進まない。

こうして遂に〝マヤナッツコーヒー〟〝マヤナッツパウダー〟の二商品が誕生した。

リーフレット、翻訳、ドメイン取得、ホームページ、レシピ、成分表示作成などが同時進行していった。

毎日何通ものメールが行き交い、一週間に一度くらいの割合でスカイプミーティングをした。

私が出来ないことを出来る人が受け持ってくれた。

着実に形になっていく勢いに目を見張るようだった。

私はこの間も、マヤナッツの収入で暮らしていけるようになるまでの間、介護の仕事を週二、三回ペースでしていた。

経済的には暮らせたが、マヤナッツプロジェクトに回せる余裕がなかった。

丁度この時期に、袋を閉じるシーラーが必要だった。

最初は不要品がないか仲間内に呼び掛けたが見つからず、新品購入のために二万円を集めることにしたが、それだけのために人にお願いするのはとても勇気がいった。

しかし、そんなことを言っていられなかった。

意を決してやってみると有り難いことに友人やメンバーがお金を寄付してくれた。

「えっ2万円！」と書いて驚くが、当時は余裕もなく、ギリギリでやっていたのだ。

立ち上げ当初、あまりの皆の熱意、アイデアの豊富さに私はついていけなくなった。

みんなからのメッセージはとても嬉しかったが、様々なアイデアや意見に対応出来ずフラストレーションを感じた。

そして何よりも朝から晩までマヤナッツのことが頭から離れず、重圧で楽しんでいない自分がいた。

みんなの意見すべてに私が答え、全部自分がやらなくてはいけないと思っていた。

目の前のことだけでいっぱいで押しつぶれそうだった。

その時に思い出したのだ。

私は一年前まで「神様、どうかマヤナッツが本当に必要なことなら、道が開けますように。

そして、これが私に天から与えられた仕事ならマヤナッツのことだけに集中させてください」とずっと祈ってきた。

それが今まさに頭から離れなくなっている。

「あれほど祈っていたことが起こっている。笑えてきた！

それに気づくと、みんなと一緒に楽しんでやろう」という意識に立てた。

すると、私がすべてに受け答えしなくても誰かが応答し、自らやりたいと思うことをやってくれた。

私は気持ちが楽になりエンジョイ出来るようになっていった。

もう私だけのプロジェクトではなくなっていた。

みんなのプロジェクトとして「マヤナッツをこの世に広めたい！」という個々の中から湧き出すものが生まれて動き出しているのだった。

それぞれ本業の合間で大変なはずだが、チームを取り巻くエネルギーは強烈だった。

マヤナッツを中心に大きな台風が渦巻いているようだった。

最初のひと月にMLで投稿された件数は一二〇を超えていた。


ところでカルロスはと言うと、六章のラストで書いたように一旦は東京に出たが、再び山梨に戻り私の近所で暮らし始めた。そして、直接マヤナッツに関わることはなかったが、遠からず私の様子を見守っていた。

ちょうどその頃屋号が必要となった。それ以前は〝ティエラ・マドレ・プロジェクト〟で活動していたが、新たな名前がいる。

そんな時に思い出したのは以前カルロスが使っていた＊〝グアテマヤ〟だった。〝マヤ〟と〝グアテマラ〟をかけて名付けた。

彼に使ってもよいか聞くと快く了承してくれた。

これから仕事上使っていく名前を〝グアテマヤ〟と名付けた。

傍から見ていたカルロスは、マヤナッツと私に大きな変化が起きていることを感じたと思う。
＊二〇二〇年三月春分に、グアテマヤからマヤナッツカンパニーに社名変更し、翌年三月法人化した。

3　奇跡の初マヤナッツデモ販売

二〇〇八年六月。

プロジェクト仲間の紹介によって、自然食の有名なお店が開催するイベントでマヤナッツを販売してみないか？という夢のような話が舞い込んできた。

突然の初デモ販売の話にマヤナッツチームは沸き上がった。

マヤナッツや森の写真、ＰＣで見られるスライド、試飲セット、栄養分析表などの準備を可能な人が引き受けてくれた。

この人がこんなこともできるのかと、才能を垣間見ることもできた。

また、その人のプロフェッショナルな仕事ぶりに驚かされた。

加えて併設するカフェでマヤナッツを使ったスイーツを作ってもらえるようにもお願いした。

いよいよ、当日を迎えた。総勢六人。

ＳＢＳ学生も応援にかけつけてくれた。

こんなに人数がいて、余るかもしれないという心配は吹き飛ぶほど忙しかった。

数人お客さんが集まると一対一で対応した。

試飲試食してもらい、栄養グラフ、写真やスライドショーを使って説明した。

もうすっかりマヤナッツのことが分かっているチームメンバーは、私より上手くマヤナッツワールドに引き込む話術をつかんでいた。

おいしさで買う人、栄養で買う人、森のことに関心をもって購入するなど入口は様々だった。予想を超えてとても反応がよく、多くの方が興味を持ち、購買につながった。

マヤナッツパウダーを五個残すのみで、ほぼ完売だった。

お店で用意してくれたマヤナッツパウンドケーキやクッキー、カフェのロールケーキともに完売。

結果は大盛況だった！

責任者の方が「こんなデモ販売はめずらしいですよ。これからもどんどんやってください」と言われ、次回のデモ販売日も決定した。

これを機にマヤナッツを取り扱ってもらえることになった。

本当にすごい。信じられないような嬉しい流れだった。

この二日間で多くの人に出会い、はっきりとした手ごたえを感じた。

手ごたえとは、これからマヤナッツが大きく広がっていくうねりの様に拡大するエネルギーだった。

マヤナップロジェクトチームで四カ月近くやってきたことが実を結んだ形となった。

＊

この日の回想録より。


東京から帰ってくる道中、忙しかった二日間のことを振り返る。

今頃歓びがじわじわと込み上げてきた。

今までの長かった道のりを思う。

マヤナッツに出会ってから一人でやってきた数年間。

SBSに入ってからマヤナッツプロジェクトを立ち上げるまでの九カ月。

いつも仲間が欲しいと願い続けた年月。

あれほど願い続けた仲間を得られたという実感。

私個人の想いが私だけのものではなくなっているという不思議。

マヤナッツを介してグアテマラの森や人に思いを馳せていく幸せを、たくさんの人と分かち合えるという歓び。

これらを心の深いところからひしひしと感じている。

一緒にやってくれた仲間が「ずっと立ち仕事で疲れたけど楽しかった」

「広げたいものを広げられるって楽しいですね」と、言ってくれた。

当日の朝、応援メールをくれる仲間。本当に共にやっていると感じる。

初めて会った人と心が通う。ずっと昔から知り合いだったように感じることもある。

私は自己紹介が苦手だが、マヤナッツやグアテマラのことなら話すことができる。

出会うべくして出会ったグアテマラ。

今では我がふるさとの森や人のため、まるでグアテマラ代表のように話せる私。

遠くまだ見ぬ国の森や人を我がことのように思ってくれる仲間の存在がとても有り難く、愛情を感じずにはいられない。

きっかけはグアテマラの森をなんとかしたい、そのために持続的なプロジェクトが必要。

そして、探し求めて出会ったマヤナッツだった。

私はマヤナッツを通して、フェアトレードやビジネスを超え、言葉では言い表せないものを得ている。

4 「マヤナッツを全国へ広げたい！」

マヤナッツトークしながら日本を行脚したい。

私がじっとしていては、マヤナッツを広げることは難しい。動いて様々な場所でマヤナッツのこと、森のことを伝えて行きたい。と、思い始めていた。

二〇〇八年夏から実現させるために動き出した。

前の私だったら自分からお願いして「やらせてください」というのは難しいことだったが、もう躊躇《ちゅうちょ》している時ではない。当時マヤナッツをすでに取り扱っているお店に声をかけていった。

〝マヤの森のお話会〟というタイトルで東京二カ所、千葉、鎌倉、福岡のカフェで開催させてもらった。

人前で話すことは苦手だったが、ひとりNGO時代に大分鍛えられていた。

以前グアテマラの旅にお連れしたマヤナッツプロジェクト仲間のダンサーCさんと二人で二〇〇九年五月〝マヤの森IN関西、岡山ツアー〟をコラボすることになった。

私がマヤナッツと森のお話、彼女がマヤのインスピレーションで受けとったダンスを踊る。

開催地はプロジェクトチーム関西と岡山に住む人にお願いして、開催地を見つけ準備してもらった。

京都、大阪、神戸、姫路、岡山、倉敷で、素晴らしい開催地とオーガナイザーに恵まれて最高のツアーとなった。

京都、大阪ではプロジェクトのメンバーが東京、福岡、京都からも集まり、マヤナッツ合宿のようになった。

各開催地のカフェやお店では店主や主催者のアイデアで、マヤナッツを使ったマヤナッツ料理やスイーツが披露された。

私の言葉はみんなの意識へ、食べ物は身体に浸透していった。

初めて使うマヤナッツをどのようなメニューに適合すれば良いのか分からなかった人も、マヤの精霊が降りてきてインスピレーションが湧いて完成できたと話した。

日頃からマヤナッツを食べている私だったが、どれもこれも圧倒され、興奮と感動の嵐だった。

こうして、プロジェクトメンバーの尽力と、自らが動いた結果、マヤナッツパワーは全国へと波紋していったのだった。

5　身体が示す魂サイン。激痛からの決断

二〇一〇年四月、アースデー東京の初出店でのこと。

それはグアテマヤとして待ちに待った初の大イベントだった。

運命の朝、私は意気揚々と荷物を運んでいたのだが……。

「ウグッ、痛っ！　いたたたあぁ〜何これ？　ぎっくり腰?!」まさしくそれだった。

「うっ、うごけな〜〜〜い。特別な日なのに！」わずかな動作に悶絶してしまう自分。

しかも車を移動しなければならない。乗るのも運転するのも泣きそうだ。

「なんでこのタイミングに?」大事を目前にしたアクシデントに冷や汗が出る。

ところが私の非常事態とは裏腹に、お客様反応は思いのほかよく、次から次と来てくれた。

仲間が心配し「美保さん、座っていていいよ」というものの、座っていたら接客出来ず、座位でも痛い。

顔も身体もこわばりながら懸命に対応していると、その時だけ苦痛が遠のいた。

仲間やカルロスがいてくれたのは救いだった。死に物狂いで二日間のイベントをやりきった。

嬉しいことにマヤナッツの販売は上々だったが、腰痛と力が入らない状態は持続した。

前章にあるように、当時私は始めたばかりのマヤナッツ事業では暮らしが成り立たなかった。しかし、生計を立てる以上に重要な三点があった。

一つ目はマヤナッツを普及するプロジェクトに必要な資金。

当初は基本的に自分の持ち出しでやりくりするしかなかった。

さらに二つ目。これが最も重要で、現地グループへマヤナッツの対価を確実に送金すること。森に暮らす人たちがラモンを拾い集め、グループへ持ち込み現金収入となる。彼女たちは加工し収入を得ることで、結果的にマヤの森が守られていくのだから。

私の生活がどれだけ苦しくても、彼女たちが納得するフェアな対価を循環しなくてはならない。

私の志はビジネスを軌道に乗せることがゴールではなく、事業を通じマヤの森を守ることなのだから！

三つ目の不可欠な経費、それは現地からマヤナッツを輸送する費用。

グアテマラから空輸で成田まで。そして、成田から自宅まで。

地球の裏からボリュームのある荷物を運ぶには、当然ながら費用がかさんだ。


事業が進めば支出も増える。必要な物も次々出てくる。

私は目まぐるしく進行するプロジェクトの合間に介護の仕事を継続するしかなかった。

それはせめてもの確実な定期収入だったからだ。

具体的には重度障がい者の在宅介護で同じ人の担当だった。

彼女は全身が肢体不自由。トイレ介助・入浴介助・着替え・外出時の車椅子移動・食事作りと食事介助を要し、当然抱きかかえ動作は頻繁だった。

長期担当だったため、気ごころが知れ働きやすかったが、体力・精神力・時間を投じなければならなかった。

日勤と夜勤の二交代制で夜勤は一三時間の勤務だった。

マヤナッツプロジェクトがスタートしてから、一カ月の勤務を一〇回から五回程度に徐々に減らし収入は七万円くらいだった。

もちろん必要としている額には不十分だったが定期収入は有り難かった。


ところで私は、「来年はマヤナッツのみを仕事にする！」と心に決めていた。

半面、ぎっくり腰になっても介護仕事は続けた方がいいという気持ちもどこかにあった。

私の中で葛藤が始まった。

「少ない金額だけど毎月収入が入った方がいいよ。手離すなんて無謀だよ。

それにマヤナッツ事業で生計立てられる保障はないよ。軌道に乗ったら辞めようよ」

するともう一人の私が言った。

「いつどうなったら軌道に乗ったと言えるわけ？　今がその時なんじゃない？　もしかして、腰さえ大丈夫ならずっと介護仕事をやるつもりなんじゃない？」

私の思考合戦は決着しない。

その上時間が経っても腰痛は快方に向かわず、次の勤務可能日を出さなくてはならない時期が刻々と迫っていた。

再び思考の私が言った。

「このままじゃマヤナッツどころか、介護仕事だって続けられないよ」

するともう一人の私が言った。

「もしかして、『介護仕事は終わりだよ』ってサインじゃない？　このぎっくり腰」

「本当に辞めるの？　不安だよ」

「だってさ、『来年はマヤナッツのみの仕事する！』って宣言してたじゃん。自分の決意そのまんまじゃん！」

「不安はあるし、これからどうなるか分からないし、怖いけどやってみるよ。前に進みたいから」

こうして私は次の勤務予定の提出期限ギリギリで介護仕事を辞める覚悟をした。

辞めるのにこれほど勇気がいるとは思わなかった。

もちろん何の保証もなかった。でも不思議と清々しい気分に満たされた。

「東京時代から続けてきた仕事。懐かしさもある。でももう私が戻ることはない。

ありがとうたくさんの人たち。ありがとう私を支えてくれた介護時代。

私は私の魂が望む次のステージへ飛び立ちます」

すると辞めた後、腰痛は徐々に快方へと向かった。

なんと分かりやすいメッセージ！

魂はボディを通じてサインしてくる。

ぎっくり腰になったのは、アルバイトとしての介護仕事に別れを告げ、マヤナッツ事業に時間・体力・意識を集中すべき時に来ているよと、激痛で示唆してくれたのだ。

「強烈に痛すぎるサイン！　でもありがとう！」

私がもっと早く見抜いていたら、ここまでの痛みを味わうことなくすんだだろうに。

これをきっかけに、魂は何を望んでいるのかボディを通じて示されるサインを、私はキャッチ出来るようになっていった。

6　商標登録結果が届けてくれたショックと学び

二〇〇八年六月。

プロジェクトを始めてから「マヤナッツの商標登録をとった方がいい」というアドバイスを複数の人からもらった。

確かに私が命名し、日本への輸入販売も私が初めてだ。

しかし、だからと言ってその名称が法律的に守られているわけではなかった。

もしもある日突然他社から通告され、大事に育ててきた〝マヤナッツ〟という名前を取り上げられたら大変なことになる。

折しもその頃、知人のサロンネームが商標登録を理由に同業者から使用禁止を言い渡された事例があった。

私は自分の身に置き換えて考え、チームで討議した。

その結果〝マヤナッツ〟という名称を安心して使い続けるため、商標登録してみよう、という方向に決まった。

しかし商標申請の文書は難解で文面すら理解できない。

もちろん弁理士に依頼するような資金はなかった。

そうこうしているうちに、メンバーが弁理士の無料相談で情報を得てくれた。

商標登録は調査・書類作成・出願・審査。最終的に審査が下り、拒絶か登録という流れだそうだ。

しかし知識のない個人が自力で出願するのは難しい上〝マヤナッツ〟という名称が承認されるのかは疑わしい、ということだった。

私たちには手に負えない難題に思え、忙しさもあって一旦保留にした。


そして十一月。

たまたま法律に関する無料相談所を見つけ、自身で行ってみた。

するとその弁理士さんはすぐさま〝マヤナッツ〟が今まで誰かによって登録されていないかネット確認した。

さらに書類の書き方、分類の仕方などを丁寧に教えてくれた。

なんと商標登録が私たちだけで出願出来る！

たった四十分ほどで全てクリアになり、信じられない展開に嬉しくて大声で叫びたい気持ちだった。

そして翌日にはその素晴らしい弁理士さんに書類を見せて修正し、特許庁に提出完了したのだった。

一気に百キロくらい前進した！

《申請費用内訳》

特許出願料印紙代：マヤナッツコーヒーとパウダー二分類で二万六〇〇円。

申請が承認された場合の登録料は七万五二〇〇円の予定。

（ただしその当時、登録料を支払える資金力はなかった）

弁理士費用は無料相談だったため、私の場合はなしだった。

一般的に弁理士さんを通して申請する場合、費用は印紙代は別に二〇万円ほどだそうだ。

半年後二〇〇九年五月いよいよ結果がやってきた。

ところが判定は〝拒絶〟つまり、申請が却下されたのだ。

却下理由は、
一、マヤはマヤ文明を表すワード。ナッツは実の総称。その二つを組み合わせても、特定の名称としては登録できない。
二、類似の商品が登録されている。
私が悩みつつ再び無料相談所に行くと、またもや同じ弁理士さんだった。

そして彼は意見書という書類を提出すれば再検討してもらえる仕組みがあることを教えてくれ、私は特許庁に必要書類を提出した。


そして二〇〇九年九月、待ちに待った結果は……またもや〝拒絶〟。

これは大きなショックだった。

時間と労力とお金をつぎ込み、商標登録は不可能だと確定したのだから悔しかった。

半面〝マヤナッツ〟という名称が商標登録出来ないということは、私たち以外の誰であっても登録不能という証明でもある。

よって将来的にどこかの企業から突如名称使用を禁止されるなどという不本意な事態は起こらない、という結論に達した。

＊

冒頭で述べたように、私はたくさんの人から「商標登録をしておいた方がいい」と勧められた。

商標登録は登録したものを独占できる意味合いも含まれるため、私の本心は何かが違うと感じていた。

それでも自ら命名し初めて日本にもたらしたものだから、占有したい想いも少しはあった。

何より名称が使えなくなる可能性が払拭できないのは落ち着かなかった。

そして法律上の長い手続きを経て、私はマヤナッツ自身の意図をはっきり知った。


『誰のものでもない。みんなのものだ。誰も独占出来ない』


私の命名した〝マヤナッツ〟という名前を万人に開かれたものにし『多くの人と分かち合いながら広めよ』という示唆だった。

奇跡的な出会いで出願出来た。結果は残念なことではなく、私に大事なことを教えた。


マヤナッツは誰にでも開かれているものである。

しかし私は、儲けるために苦労して販路を開いてきたのではない。

マヤナッツの普及には強い信念とポリシーがある。

それはマヤの森を守るために始めた事業だということ。

従って、それに賛同し、同じ志を持ち、共感できる人たちに広めて欲しい。

そもそもこの意図はマヤナッツ自身の意図でもある。

故にその意向が損なわれる扱いをマヤナッツ自身が許さない。
そういう意味において、私はマヤナッツを広げていく第一人者として責任があるのだ。

第8章　物質界からスピリチュアルな次元へ

1　マヤナッツが導く他生との縁

私がMさんと会ったのは二〇一〇年秋だった。

彼が会社経営を家族に任せ、スピリチュアルな道を探求しようとしている時期だった。

私は社長という地位を譲り、新たな人生を歩む選択をしている彼に興味を持った。

その上、近々グアテマラに行く予定があると言う。私は現地で役立ちそうな情報を伝えた。

＊

ところでその頃、マヤナッツの輸入はまだ定期的にはなっておらず、次の荷物が届くまでの間在庫不足になりそうだった。

もちろん中途半端な販売休止にしたくない。そこでグアテマラから日本まで手荷物として運んでもらえる人がいないか私は懸命に探した。

するとちょうどその時、Mさんがグアテマラへの旅行中であることが分かった。それも目的地はヤシャ遺跡。ラモングループのある村が通り道。

地理的には加工されたラモン（マヤナッツ）を受け取ることが可能だ！

絶妙なタイミングに心躍らせながらメールすると、彼は心よく引き受けてくれた。

そして帰国時、目一杯のマヤナッツを運んできてくれたのだ。


私とカルロスは成田空港へ彼を迎えに行った。カルロスは往復の運転と運搬を手伝ってくれた。

空港でMさんを迎えた時、私はとても感慨深い思いに包まれた。

遠いグアテマラから奇跡的にマヤナッツを調達してくれた感謝と感動で胸がいっぱいだったのだ。


Mさん自身の荷物は極めて少なく、カバンの中はほとんどマヤナッツで占められていた。

彼に深謝し自宅にお送りした。そして私たちは山梨の自宅に帰ってきた。

その夜、地球の裏側からマヤナッツが手元に届いた経緯を、あらためて振り返っていた。

すると……涙がとめどなく流れてきた。

魂の深みから突き上げてくる強烈な衝動が堰《せき》を切ったように溢《あふ》れる。

自分の心に何が起こっているのか分からない。

どうすることもできず、夜中にも関わらずMさんに電話した。

私はひたすら感謝の気持ちを伝え、どう説明していいのか分からない気持ちをそのまま語った。

彼は何も言わず、ただ受けとめてくれた。

私にはMさんと自分の、他生における何らかのつながりを推知せずにはいられなかった。

電話を切った後も動揺の収まらない私を、カルロスは優しくハグしてくれたのだった。

＊

そもそもなぜMさんはグアテマラに行ったのか。

彼が幼い頃繰り返し見た夢がヤシャ遺跡ではないか?と推察されたことや、自身の魂はマヤに関係がある、というサインを受け取ったのが理由だった。

彼はヤシャ遺跡だけにフォーカスし一週間ほど滞在したそうだ。

ホテルから遺跡までは交通手段がないため、タクシーの運転手に交渉し、旅行中の専属ドライバーとして雇った。

現地に行ってみると、夢の光景はまさしくヤシャだったと確信でき、強い磁力に引き付けられたように朝から日没まで遺跡に留まり、一週間通い続けたそうだ。

＊

彼からこの話を聞き、とても興味を持った私は、翌年二〇一一年二月、初めてヤシャ遺跡を訪ねた。

森の中を歩いていると気になる場所があった。

古代の祭祀場だろうか、建造物の上が広く平らになっている。

そこに登って目を閉じる。

聞こえてくる
古い時代の、人のざわめきが
今の私と、過去の私が踊り始めた
この森に住まう鳥や動物たち、風、太陽を感じながら舞い踊る
たくさんのラモンの木
樹木の間からきらめく太陽の光
太古ここにいた私
森と湖とピラミッド
湖へつながる道
懐かしい光景
しっとりとした心地よい空気

身体を包むエネルギー
大地の感覚
風、音、ざわめき、すべてが私を取り囲む
離れがたい感覚
魂が歓喜する
ようやくここに戻ってきたよ……

＊

ヤシャ遺跡を訪れた時、この地で生きていた自分の感覚がありありと蘇ってきた。

その時ようやく感じた。Mさんと私の魂は、ヤシャを通してつながっているのだ。

だから、彼がミラクルなタイミングでグアテマラへ旅し、重くてかさばるマヤナッツを持って帰ってくれたのか。

善意でやってくれたことだったが、ただの偶然ではなかったのだ。

それでもヤシャの過去生において、私たちが対面していたかは、私には確信出来なかった。

その後、Mさんとは年に一度会うくらいだった。

そしてこの本を執筆中であった二〇一八年、再び彼に会った際、グアテマラのヤシャの話になった。

するとと彼自身から「僕たちは過去生において、ヤシャで家族の関係でした」と、決定的な言葉が出た。

これを聞いた時、今まで私の心に沸き起こっていた不思議な親密さは正しかったと確信した。成田で彼を出迎えたあの夜のただならぬ涙は、ただの感謝ではなく、懐かしさや再び逢えた歓びなど、他生からの絆に心が震えたからだった。

私はそれ以前も〝魂レベルの縁〟を様々な人に感じてはいたが、マヤナッツ事業を始めてからこの感覚が一層強まったと思える。

今生の記憶を超えた場所に導かれ、時空を超えた奇縁に助けられ、必要なことがスタンバイされていく……。

まるでマヤナッツが私を導き、過去生との関係性を蘇らせ、未来へとつないでいるようだった。

2　保障のないチャレンジを決意した後の生活

マヤナッツプロジェクト開始後の、事業と私の財政状態をこの辺で書いておこう。

森を守りフェアトレードを貫く、という強い志があったものの、日本で認知度ゼロのマヤナッツの販路開拓はたやすくなかった。

ビジネスの経験がない私は、売れるかどうかすら考えず、初輸入を決行した。

しかもグアテマラでは、売り手の示す買い取り額を交渉するのは当たり前だったが、私はグループの望んだ金額で取り引きすることにした。

なぜなら私の願いは、人々が森と共生でき、最終的に森が守られることだったからだ。

その上、適正価格の付け方がよく分からない私は、コーヒーの代用品的に買いやすい値段、という大雑把な価格設定にした。

当然ながら、当初は売り上げから経費を差し引くと赤字だった。

事業を始める場合、一般的にはある程度の資金を確保してからスタートするのが常識なのかもしれない。

だが私は、いくらあればいいのか分からなかったし、資金を貯める方法もなく、資金確保を待つ時間もなかった。

必要な時対処するしかないと考え、銀行や仲間からの融資も受けずに始めた。

七章にも書いたが、開業から二年ほどは介護の仕事を続け、生活とプロジェクトをどうにか維持した。

事務所は自宅兼用で家賃は月額一万円。駐車場は無料。

経費が必要なことは自らが動いた。

例えば輸入時の荷受け・税関手続きは業者に頼むと高額だが、自力で対処すれば必要最小限の経費ですんだ。事業申告も税理士には頼まず、青色申告会で学び自力でこなした。

ビジネススクールつながりで手助けしてくれた人には、ＳＢＳから地域通貨を発行してもらい幾ばくかのお礼をすることが出来た。

またマヤナッツの物品支給で支払うという形もとった。それは自然な流れだった。

こうして事業は、仲間やＳＢＳのネットワークによって、徐々に卸先も広がりリピートされ始めていた。

資金はないが、多くの仲間の無償の助けと知恵があり、素晴らしい歓びの循環で成り立っていた。

さらにネットショップが必要になった時には、＊おかげさま社Ｗさんによるネット関係全般のサポートを三年ほど受けることが出来た。

＊ＳＢＳ学生のスロービジネスを応援するためにウインドファームの中村さんが設立した。年間売り上げの比率で支払うシステムで、利益の小さい私には有り難い条件だった。

ところが、定期的にマヤナッツを輸入するようになると、年に一度まとまった購入・輸送費が必要になった。

そんな大金があるわけもなく、悩んだ末友人に貸してもらうことができた。

その後、マヤナッツ販売代金で約半年の分割返済とした。

徐々に売り上げは伸びていったが、それに比例し購入・輸送額も多くなった。

数年間貯金は出来ず、利益を経費に回すのが精一杯だった。

このような経緯の中で、私は介護バイトを辞めマヤナッツ仕事一本にした。

もちろんそれだけで生活できる確信はなかった。

けれどバイトがなくなると時間が自由になり、夜勤仕事の体力消耗もなくなった。

私は東京方面へのイベント出店回数を増やすことができた。

広告宣伝費を使う代わりに、大規模な環境保全イベントやオーガニック系展示会に参加し、直接アピールしていった。

そこからお店にもつながり、多くの人に広がり始めた。

こうして売り上げも増え忙しくなってきたものの、人を雇えるほどではなかった。

するとカルロスが手助けしてくれた。

これに関しては次の見出しで詳しく書こうと思う。

＊

この本の執筆にあたり当時を振り返っているが、この状況で事業を続け、生活も維持できたのは奇跡のようだ。

幸いなことに、私は再び介護バイトに戻る事態にはならなかった。

畑もただで借り、念願の自然農を行い新鮮な野菜を作った。とれた大豆で味噌を作ったりもした。

自分の畑にない野菜は、近所の人のお裾分けにあやかった。お米は友達から安く購入できた。

さらに栗と梅とさくらんぼの木が家の周囲にあり、季節の恵みをもたらしてくれた。

人手が必要な時には海外からのボランティアを受け入れ、食事と宿を提供し、草取りなど日常の雑務を手伝ってもらった。

また、私に必要な服や身の回りのものは、カルロスの友人から古着を無料で貰い受けるか、フリーマーケットで手に入れた。

《以下、一カ月のおよその支出》

住居兼事務所の家賃一万円、水道光熱費・通信費合わせて一万五〇〇〇円、食費二万五〇〇〇円、車両、燃料費一万円、国保+県民税等五〇〇〇円、雑費五〇〇〇円、トータル約七万円。

駐車場はただ。医療費なし。

住民税、県民税はさほど高くなかったので支払えた。

国民健康保険は収入が少なく払う額が最低だったのでなんとか払った。

しかし、売り上げが伸びると保険料は驚くほど上がり、期限内に払えず督促状がくることも度々あった。

国民年金は払う余裕はなく、老後のことは考えないことにした。

自力で二〇一三年くらいからようやく支払い可能になったが、それ以前の期間は未納のままになった月もあった。

税金を支払えるほど利益が出たのは二〇一七年になってからだった。

たまに預金残高が三桁になることがあったが、どうにか暮らしていけた。

多くのお金がなくても暮らしが出来、事業が継続できたポイントをまとめると。

・東京時代から余計な物を買わないシンプルな生活スタイルに移行していたこと。
・生活費は家賃、光熱費も含め一カ月約七万円ほどだったこと。
・必要な時に必要な助けとお金がくることを信頼し、実際に助けられたこと。
・多くの人に支えられていたこと。
・そしてカルロスがいたことだった。

次は彼がどのような役回りで何を果たしてくれたのか、書いていこう。

3　私とカルロスの共同創造と自立プロセス

カルロスは私と離婚した後、一年は有効期限内のビザで日本在住が可能だった。

その後のビザ更新時に私が身元保証人となり、彼が日本でアート活動する意義などを書いた推薦状を提出した。

彼の十年間の日本居住履歴も考慮され最終的に三年の延長ビザが確保できた。

7章にも書いたように、その頃の彼は私の自宅の近くに家を借り、油彩・アクリル・墨を使って富士山を中心に描いていた。

この借家は長期間住人不在の家だった。そのため二年を目安に片付け・廃棄処分とリフォームする条件で家賃はなかった。

それが落ち着くとクリエイターの彼は、ある時は洋服をリメイクし、ある時は空き缶をリサイクルしてアート作品を作った。

ジーンズやジャケットにマヤ織の布をつけた服がとてもかっこよく、私や友だちにプレゼントしたり、売ることもあった。

カルロスはいつも何かを創造していた。不要になった物に新たないのちを吹き込む創作は彼にとって生きる歓びのようだった。

その上、私が必要なものをつぶやくと、大概カルロスが持ってきてくれた。

彼の借家にあるものは廃棄予定だったため、工具やリフォーム材料などふんだんに手に入った。

私が新しく借りたオフィスの棚は、ほとんど彼の家にあったもので賄われた。

＊

マヤナッツの仕事が忙しくなってくると、彼がパッキング作業を手伝ってくれるようになった。

彼は集中力があり、自分のペースで楽しんでやってくれた。

フルタイムで人を雇用できるほど利益は大きくなかったし、忙しさに応じて手を貸してくれるカルロスの存在はありがたかった。

彼は東京方面のイベントにも同行するようになり、荷下ろしや販売もしてくれるようになった。彼が始めた事業ではなかったが、彼の故郷グアテマラの商品なので、お客さんは現地の人が日本に来て、自ら販売しているのだと思う人もいた。

彼にとってそれは誇らしく、嬉しいようだった。

カルロスという存在は、日本語が流暢に話せずとも人を魅了する力があり、元来の社交性を発揮して初対面の人々へ積極的にマヤナッツをアピールしていた。

シャイな私には難しい対面販売も、彼はどんぴしゃなマヤナッツ伝道師だった。

本当にカルロスは物と人を引き寄せる魔法使いのようだった。


ところでそんな彼も、機嫌が悪くなると、突如どこかに行ってしまう困ったクセは、この頃になっても変わらなかった。

けれど以前より精神状態が安定し、キレることが減った。

毎食マヤナッツパウダーを食事に使い、マヤナッツコーヒーを飲んでいたからかもしれない。

マヤナッツには、精神を穏やかにする作用があるからだ。

＊

こうして彼はマヤナッツ仕事を自ら進んでやってくれるようになった。

私はとても嬉しかった。

なぜなら、日本での長期にわたる生活全般を私が支えていたからだった。

私は生活費を払った上、加えて彼に現金を渡さなければならなくなったり、いつの間にかお財布の中身が減っているということもあった。

言葉の壁や、気難しさから、雇用されるのは難しいと私にも分かっていた。

けれど彼の経済的自立を望みつつ、お金の工面をしてしまっている自分自身も嫌だった。

二人の間で解消しないお金にまつわるジレンマは、自分の汚点のような気がした。

離婚によってこの関係は終わるはずだったが、そうはならなかった。

彼は私の近くで暮らし始め、食事やお風呂だけでなく、お金の助けも必要で、私は手のかかる子どもを持った親のような気持ちだった。

そのため彼がパッキングやイベントを手伝ってくれることは、私にとってこれまでの代償のように感じ、しばらく無償でやってもらっていた。

ところが、とあるきっかけから私は対価を支払うことにしたのだ。

ある時、彼がお金で困っているのに気がついた。

そのような事態は今までも繰り返しあり、またしても自分が補うべきか私は迷った。

すると……。

「この目の前の人を助けなさい。愛しなさい」という神様の言葉が降りてきた。

そこで私は決意し、催促される前に「どうぞ」とお金を差し出してみた。

カルロスはかなり驚いた表情で受け取った。

その場面は仕事の対価ではなかったが、これを機に私は彼に報酬を払うことにした。

事業体力としても臨時手伝い程度なら支払える状況になっていたのだ。

私が立ち上げ、彼のサポートを受けたマヤナッツ事業が成長したことで、私も生計が成り立ち、カルロスの自立を促すことになった。

これは私が彼の生活を背負い続けるという長年の図式を打破し、二人の関係は公平で私は清々しいものになった。


私の想いは、彼と離婚しても変わらず、前より家族だという感覚が強まったのは、不思議だった。

私たちは男女の関係を超え、魂の望む関係性にきたようだった。

私は多くの人に助けられ、カルロスを助け、助けられた。

その結果、マヤの森を守ることにつながった。

4　戦わないマヤの精神性を受け継ぐ

マヤナッツに関わる仕事を始めて三年経ったある時、グアテマラ大使からカルロスに電話があった。

カルロスには権威のある人ともフランクに付き合えるという才能があり、大使とも親しくしていた。

私たちが東京に住んでいた頃、とあるイベントでカルロスに大使を紹介され、私自身も面識があった。

もちろんカルロスは、大使にマヤナッツのフェアトレードについても話していた。

そのつながりから、ラテンアメリカイベントの際、グアテマラブースの脇でマヤナッツを来場者に紹介させてもらえたこともあった。

そして、その大使がカルロスに電話してきて、私に話があると言う。

一体何事だろう?と思った。私が電話に出ると……。

「マヤナッツコーヒーはコーヒーじゃないだろ!　コーヒーという名前を変えなさい。コーヒーじゃないのにコーヒーと言っているのは問題だ。変えないとそれなりの手段をとる!」

前置きなく彼はスペイン語でまくしたてた。

ふだんの大使はバリトンボイスで素敵だが、この声は怖ろしいほどドスがきいていた。

私は震え上がった。これは脅しだった。

カルロスもびっくりし、大使は酔っていたと言った。

電話を切った後、私は大使の真意が分からず呆然とし、体は震えが止まらなかった。

酔っているといっても、電話でいきなり怒鳴る内容ではないだろう。怒りも沸いてきた。

私はグアテマラのマヤの森を守るため、認知度ゼロの日本でマヤナッツの販路を開き、日夜頑張っているというのに……。

グアテマラ大使に感謝されてもいいのではないだろうか？

その上、商品名に関して攻撃される意味が分からなかった。


悩んだ私は友だちに話した。

するとその友だちは「それだけマヤナッツのことを怖れている、驚異を感じているのでは？」と答えた。

「まさか……。知名度もなく、輸入量も大した量ではないマヤナッツに？」

大使がマヤナッツを怖れる理由などないはずだ。

けれどその後、私なりに推測した。グアテマラコーヒーにとって日本は大きな輸出国に当たる。

そのため、万一マヤナッツの認知度が広がり販売量が増えたりすると、コーヒー輸出の妨げになると懸念したのかもしれない。

そこで私は〝マヤナッツコーヒー〟という名称は法的に問題がないか、専門機関で相談した。

世の中には玄米コーヒー、タンポポコーヒーなど、コーヒーではない品物にコーヒーと名付けた商品はたくさんある。そのため〝マヤナッツコーヒー〟も問題ないと私は思っていた。

あらためて確認すると、コーヒーではないのに〝〇〇コーヒー〟と名付けるのは、買う側を混乱させる可能性があるため違法だった。

けれども誰かが訴えなければ問題はないのだと言う。

私自身にしても、自らが命名した〝マヤナッツコーヒー〟という名前を変えるのは嫌だった。

「負けたくない」とも思った。

しかし私は自分の感情を脇に置き、今なぜこの事態が起きているのか？

そしてマヤナッツは私に何を示唆しているのか？　深く探ろうと思った。

私の意識はマヤナッツに出会う前の、森に旅した時空へ飛んでいた。

＊

あの時、マヤの森が燃えているのを見て、私は森を守るにはどうしたらいいだろう？と思った。

もちろん森を燃やしている牧場主や、その背後にいる誰かと闘い、反対運動を繰り広げる手段も方法としてはあった。

それらをグアテマラで行えば、いのちが危険にさらされると知っていた。

もちろん私は闘いを好まない。それに、いのちはまだ失いたくなかった。

みんなが平和で幸せになる道を探したかった。

その後、マヤナッツを介して森を守る方法を選んだ。

〝選んだ〟というより、マヤの大地と精霊から〝マヤナッツ〟を差し出された、と言う方がぴったりくる。

私の想いはもっと古い時代へと飛んだ。

*

一般的に古代マヤ人は戦いも行い、生け贄も捧げる残虐な民族だったと歴史文書に書かれ、映画にもされた。

だが私は真実ではないと思っている。

私の魂がそれを知っているのだ。

スペイン人は武力で中南米を植民地にした。

そして精神支配のため暦と言語を変えさせ、貴重な文献を燃やし、元々あった自然崇拝的価値観からキリスト教へ強制改宗させた。

その際、グアテマラの地も計り知れない犠牲が出たと推測される。

マヤの先住民たちはその時どうしたのだろう?

彼らの祈りは、これ以上の犠牲を出さないことではなかっただろうか。

だから終わりのない戦いに突入せず、悔しさをこらえて表面上ではスペインの配下になったように見せかけたと推察できる。

そしてキリスト教も受け入れたように振る舞ったのだと私には思える。

現地に行ってみるとよく分かる。それぞれの村々の中心には教会があり、十字架があり、キリスト像が祀られている。

だが実は、マヤの地にはスペイン人が乗り込んで来る遥か昔から、マヤ独自の〝マヤ十字〟が存在していた。

マヤの人々は、まるでキリスト教の十字架を掲げているかに見せて、大切な精神的シンボルを維持した。

戦いを回避し、自分たちの根源的な拠り所をしっかりと残しているのだ。

このようにして、元々からあった自然信仰とキリスト教は混ざり合い、マヤの精神性は受け継がれた。

文化に関しても同じである。

私は中南米に旅する度に、マヤの人々が選んだ平和的手段と、したたかな粘り強さ、そして深い智慧を感じた。

*

私の意識は今の自分自身へ戻り、望ましい方向性を模索し始めた。

そして「マヤナッツコーヒーという名称は、訴えられずとも、変更を受け入れようと思った。

もしかしたら、これを機にマヤナッツはもっと広がるのかもしれない。

大使に抗議したり、既存の名前に執着したりしないで名称を変えてみよう！」。そう決意したのだ。

それには新しいセンテンスを決める必要があった。だが、名称設定はいつも悩むもの。

ある晩「どんなネームにしようかな?」とカルロスに聞いてみた。ところがいいアイデアが出ないため、

「じゃあ、夢に現れるように意図して寝よう！」と言った翌朝、私ではなくカルロスの夢にセンテンスが登場した。

「〝マヤスピリット〟というワードが現れた」という。

「マヤスピリットか・・・それいい！」。私は即決した。

商品一つひとつに〝マヤスピリット〟が吹き込まれ、手に取る人たちに伝播していくイメージが広がってきた。

これをブランドネームにし、全ての商品にロゴを入れることにした。

そして世界にも発信できるよう、アルファベット表記への変更を思いついた。

パッケージの最上段に『MayaSpirit』を冠し、次の段に『MAYANUTS』そしてその下に「マヤナッツコーヒー風ノンカフェイン飲料」と、分かりやすく日本語で表記した。

そしてこの刷新はさらに多くの人たちに広げるチャンスだと感じ、ニューラベルのデザインをチーム外のデザイナーに依頼した。

それが現在のラベルのベースとなった。

名称とラベルを新調したことにより、グレードが上がったマヤナッツ商品へと生まれ変わることができた。

その後、刷新効果は幅広い客層と販路の広がりとして現れた。

あの時、マヤナッツ事業はステージアップすべき時期に来ていたらしい。

大使はブランド名変更のきっかけを作ってくれたにすぎないのだ。

悪役を演じてくれた大使に今も深く感謝している。

この件に限らず、困難な課題やトラブルなど、危機的な事態に陥った際、私は出来事を通して魂は何を示唆し、どのような道を促しているかに注目する。

そして方法を選定する時の心得は、目の前の相手と戦うのではなく、内なる自分と対話し、自分自身と世界に調和をもたらす方向性を見つけることだ。

これは厳しい歴史を乗り越えたマヤの精神性に通じていて、現代を生きる上でも極めて重要だと確信している。

第9章　時空を超えた繋がり―過去生からの実感

1　夢の啓示から―カルロスとの別れ

夢の中にカルロスが現れ「僕たちの関係は終わりだね」と言った。

＊

二〇一二年一二月二一日は、マヤ暦の大周期五一二五年サイクルが終わって始まる日だった。マヤ暦とはグアテマラ、メキシコのマヤ先住民が使っているオリジナルの暦。（日本で流行っているマヤ暦とは違う。）

5章でも登場したタタ・ペドロ夫妻をはじめとする先住民族グループが行う、今世紀最大の聖なるマヤの儀式に参加するため、私は日本人グループを率いてグアテマラに行き一カ月ほど滞在した。

冬　二〇一二年年末から二〇一三年。

私が留守の間カルロスは、知り合いになった友達家族の家に滞在していた。

私が帰国した二月、カルロスは私にその家族を紹介したいと言うので彼らを訪ねた。

ご夫婦と小さな男の子の三人家族。海の近くの素敵な家に住んでいた。

年に一度は海外に旅行し、旦那さんは優しく、絵に描いたような家族だった。

この家族とカルロスはマヤナッツイベント時に出会ったそうだが、なぜ長期滞在させてもらえるほど親しくなったのか詳細は知らない。

男の子もカルロスになつき、楽しそうだった。

しかし申し分ない日本人一家に、カルロスが馴染んでいるのは奇妙な光景でもあった。

しかもカルロスの奥さんに対する親密さに私は違和感を覚えた。

そしてその後の二月二十一日。

夢の中にカルロスが現れ、啓示のごとく「僕たちの関係は終わりだね」と告げたのだった。

＊

これまで書いたように、私とカルロスは一九九一年にグアテマラで出会い、一旦自然消滅し、一九九九年に私がグアテマラへ出向いた際、人生を共にする決意をした。

二〇〇〇年に彼が来日し二回結婚をし、二〇〇七年に二回目の離婚をした。

その間の十三年。苦楽を乗り越えてここまできて、二人は四九歳になっていた。

最終的にカルロスは私の家から徒歩五分の所に家を借りて住み、互いに適度な距離間を保って暮らしていた。

最初より穏やかな関係性になったが、カルロスという存在は日々課題を与え続けてくれる手強いパートナーでもあった。

そのため私は「ここまで来たら最期（いのちの終わり）までやりきろう」と覚悟を決めていた。

前章にもあるように、私はマヤナッツのイベント・パッキングのサポートを手伝ってもらい、それが彼の経済を支え、理想的な関係性が築けていた。

それなのに、この夢を見たのだ。

目覚めても彼の言葉が残っている。

私は東京へ向かう高速バスの中で、夢の真意を理解しようとした。

そして受け取った言葉はこれだった。

『三次元世界での関係が終わり次のステージに行く。変化を受け入れる』

目覚めた時のドキドキ感がさらに増し、今のスタイルを大変革すべき時が来たのか？という気持ちだった。

私たちは法的な夫婦ではないが住居が近く、仲もそこそこ良く、仕事上でのパートナーでもある。

こんな状態で二人の間に一線など引けるのか？

しかも目の前の課題として、マヤナッツの袋詰め作業は彼がいないと困ってしまう。

しかしあまりにも夢のインパクトは強く、バスの中で受け取った言葉もリアリティがあったため、私は夢の啓示を真摯に受け留め、変化に向かって進もうと思った。

数日後、私は意を決しカルロスに夢の話をし、私の考えを伝えた。

すると彼は驚き、困惑した。

私は魂が示している転機を、自分自身と彼が受け入れられるよう努めて話した。

すると、カルロスは意外にも抵抗せずに受け入れてくれた。

＊春＊

ひな祭りの日。私は親しい女性たちを招いて、自宅で味噌作りワークショップを開いていた。

すると、招待していないカルロスと先ほどの一家がやって来た。

突然の訪問を断れず受け入れたものの、場の空気が変わってしまい、私は急に楽しくなくなった。

けれど私はホスト役だ。必死でワークショップをやりきった。

ただし、彼らを参加させてしまった自分の判断を後悔した。

奥さんと旦那さん、子どもは楽しげだったが、この時もカルロスの奥さんに対する親密さに私は違和感を覚えた。

三月下旬。カルロスが奥さんと彼女の子どもを連れて訪ねてきた。

「僕たち三人で僕の家で暮らすから。君も家族だからいつでも遊びに来て」と突如言う！

歩いて五分の距離の家に彼女と子どもがカルロスと一緒に暮らす?!

おまけに彼女はカルロスの子どもを宿していると言うのだ！

あまりの急展開に、私はのけぞって驚き、激しい衝撃を受けた。

しかも彼女はその段階で離婚できていなかった。

彼女の旦那さんもさぞや驚いたことだろう。しかし私にはそこまで考える余裕はなかった。

カルロスとの関係は終わりなのだと覚悟した後、すぐにこうなってしまった。

いわば予感通りなのだが、心の内側からは大切なパートナーを奪われ、裏切られたという怒りと悲しみの感情が沸き上がって来た。

私は二人が許せなかった。

強烈な個性を持ち、エキセントリックで、共に歩むのは極めて難しいカルロスという存在。

相手の女性が妊娠した理由で彼が去るなら、再び戻ることもなく、ある意味理想的な別れだと頭脳は判断する。

しかし、私の感情は憤怒で大荒れに揺れ、彼らとは顔を合わせたくなかった。

ましてや、あまりにも近すぎる場所で新たな暮らしを作ると言う。家族付き合いするなど、私には到底考えられなかった。偶然出くわす、というシチュエーションは絶対避けたかった。

耐えられなくなった私は、いっそ九州に移住してしまおうと考え、転居先を探しに行った。しかし適合する場所には出会わず、すごすご戻ってくるしかなかった。山梨には住み心地のよい家と恵まれたオフィスがあり、私の志に必要な条件が整っている。辛い気持ちを抑え、富士山の麓でやっていこうと私はあらためて思った。

そしてカルロスがいなくなって一番困ったのは、マヤナッツのパッキングだった。友達に助けてもらったものの、それは一時的ですぐピンチになった。そこで私は、以前から想い描いていたスタイルを実行することにした。それはグアテマラの森に住む女性たちの職場の形。社会的に仕事を得にくい女性が集まり、マヤナッツの加工作業をしていることは以前の章でも書いた。その働き方を日本でもやってみたかったのだ。

社会的少数派、社会的弱者である〝マイノリティー〟と呼ばれる人たちに携わってもらい、仕事とお金を循環するスタイルだ。

事業の初期からクッキーを焼く行程を、地元の障がい者施設に依頼してきたが、それに加えパッキングができる人たちがいないか声を掛けてみた。

するとすぐにマッチする人たちに出会った！

そして新たな障がい者作業所と、小さな子どもがいて仕事につきにくいママさんグループによる、マヤナッツパッキング作業が始動した。

私が視野を広げたことでつながりができ、仕事が循環し、お互いが助け合える理想的な形ができた。

地球の裏側のグアテマラで、社会的立場の弱い女性たちがマヤナッツを加工する。

はるばる輸送された荷を、富士山のこの地でマイノリティーの人たちが商品化作業する。

そしてその利益は、グアテマラの女性たちに海を越えて還元されてゆく。

すると女性たちは、ラモンの実るマヤの森も大切にする。

森はこれからもラモンという恵みを落とす。

これこそ私が願って来た形だった。

マヤナッツは、循環に関わる全てのものを繋ぎ、恵みをもたらしていた。

この恵みは、お金だけでなく、関わる個人個人が必要とされ、役立ち、大切にされる、という〝皆が尊重される愛〟だった。

この愛の循環は、人間のみならず森と動植物全てを守る、私が希求していたスタイル。

規模は小さくとも最高の形を実現できた私は、大きな歓びと達成感を感じた。

加えてカルロスが抜けたことで事業全体のスタイルが刷新された。

パッキングの外注で地元の人への認知度が広がり、地域にマヤナッツ事業が根ざし始めたのだ。

私が一人でこなしていた作業場には仲間が増え、共に創造してゆける体制へと発展した。


このように目覚ましい進化の半面、私の心は重かった。

「近所のカルロスたちに出くわしたらどうしよう……。とても耐えられない」という緊張感とストレスが続いた。

＊　夏　＊

カルロスから何度かコンタクトがあった。

「心が痛い。今まで君を傷つけてきたことが苦しい。君に謝りたい。君は家族でこれからもずっと家族だ。君のことを愛している」。電話越しで泣いているのが分かった。

私は素直にその言葉を受け取り「分かったよ。ありがとう」と言った。

だが、私の心は一向に癒えなかった。

さらにその後、カルロスと彼女、そしてその子どもは一〇月にグアテマラ移住することになった、と告げられた。

小さな町で出くわす可能性がなくなることに私は安堵したものの、心の苦しさは解消しないのが気になった。

この苦しさは彼らに傷つけられたという思いが今だにあり、二人を許せていない証しだった。

私とカルロスはとっくに離婚していたし、彼は誰と再婚しようが自由な身だった。

加えて、夢の啓示を発端に、安定しつつあった関係を解消したのは私からだった。

でも他人にどう言われようと、私たちはこれまで数々の苦難を共に乗り越えてきたパートナーであり、同志だった。

私たちは、別れても離れられない魂の家族のような間柄だった。

その上、アルコール依存で悲惨だった一三年前より、まともになって成長した彼を、これからだというタイミングで他人に連れ去られたような心境だった。

だから私は彼女に対して許せない気持ちがあったのかもしれない。

いつの日かこの苦悶は自然消滅するかもしれないが、私は早く軽くなりたかった。

そこでカルロス一家が発つ前に彼らを心から許そうと決意した。

心の葛藤をかかえながら、毎日「どうか許せますように」と祈った。


その後、「今なら出来るかもしれない」という思いが沸き上がり、勇気を振り絞って連絡し、彼らに会いに行った。

二人に対面するのは久しぶりで彼女は私の訪問に驚き困惑した。

私はこれまでの苦しい思い、悲しさ、やり切れなさ、寂しさ、怒りなど、心の荒波を切々と打ち明けた。

彼女は戸惑った表情で聞いていた。

私は想いを言葉にして伝えることが精一杯で、彼女がその時どう応えてくれたのか記憶にない。

そして私が日本語で話したため、カルロスは部分的にしか理解できなかったと思う。

けれど彼は、私の訪問がとても嬉しかったらしい。その印象だけが残っている。


六カ月の身重の彼女は、言葉も通じないマヤの地に初めて向かう不安を抱いていた。

その気持ちは当然だった。医療体制も不明な上、知り合いもいない未知の土地で出産しなければならないのだから。

彼女自身にしても人生の一大転機であり、相当な覚悟で決めた選択だったはずだ。


私は震えながらもきっぱりと彼女に言った。

「知らない土地で子どもを産むのは不安だろうけど、マヤの人やマヤの大地がきっとあなたを守ってくれるから安心して産んでね。私はあなたたちの幸せを祈っているから」

私は彼女の内にある、私と彼女の摩擦が無くなり、穏やかな気持ちで出産に向かって欲しいと心から思った。

私は彼女のおなかに触らせてもらい、最後にハグをした。

そしてカルロスには「生まれてくる赤ちゃんに恵まれた環境を与え、より良い状態にさせてね」

と伝えた。

二人からは「ありがとう」という言葉が返ってきた。

私はその日、自分にできる最大限のことができて安堵した。

心の内を隠さず相手に伝え、さらに彼らを祝福したことで自らを救済したのだった。

私は、カルロスがまるで自分の子のように彼女の息子の世話しているのを見て、彼は私とは得られなかった幸せを掴み、進んでいるのだと感じた。

こうして彼らはグアテマラへ旅立って行った。

2 私とカルロスの今生を超えたつながりの予感

9章—1を読んで、離婚しているカルロスとその彼女に対し、なぜ私があまで鬱々《うつうつ》とするのか理解できなかった読者もいたと思う。

そして〝魂の家族〟〝同志〟という意味が今ひとつ実感できなかった人もいるかもしれない。

9章—2と9章—3では、私とカルロスとの他生での縁を綴ろうと思う。

まず、9章—2では当時断片的に得ていた情報をシンプルに書く。

9章—3では本を執筆するにあたり、さらに詳細を知るべく過去生トラベルを行った。

そこで私は、私と彼との象徴的な過去生を再体験し、今生での結びつきとのシンクロを目の当たりにしたのでそれを書こうと思う。

＊

カルロスが日本に来る一年前の一九九九年。

私は八ヶ岳の二〇〇〇メートル級の山を一人で登っていた。

山小屋で一泊し、早朝から目的地へ向かった。

他の登山者もいて賑やかだったが、ある時急に一人になった。

道幅の細いカーブした登山道。片側は切り立った谷だった。

私は恐る恐る岨伝《そばづた》いに歩いて行った。

するとその時、突如時空をワープしたかに感じられ「こんな景色、前も出会ったことがある！」と思った。

私の意識は一瞬で記憶の彼方へ飛んでいた。

＊

荒涼とした山。険しい崖の道。冬が間近に迫った冷たい風が吹いている。

私たち以外人気はない。

私は長い髪を束ね、腰に布を巻きつけて馬に乗っていた。

一人の男性がその馬を引いている。
私たちは追手から逃げているのだった。
崖から遠くを見ると彼方から煙が立ち上っている。
私たちの住んでいたティピの集落があった場所だ……。

*

ここまで見た時、私の意識は別時空から、現在の自分に戻った。
一体何だったのか？
寂しくて、そして懐かしい景色……。
心が震え、動揺が収まらない。私は泣きながら歩いていた。
あまりにも強烈な体験だったので、そのビジョンをノートに書き留めておいた。
おそらく過去生の一場面だろうと推測できた。

*

二〇〇五年友達の紹介で、私は初めてチャネリングする人と会った。
彼女は私に質問せず、カルロスと私の魂の関係について話し出した。

「あなたたちは過去生で何度も何度も出会っています。

家族（母と子）の時もありました。

今生でまた出会ったのなら、別れるのは難しいでしょうね。

よく離婚出来たわね。（この時は一回目の離婚をしていた。）

今生では結婚する予定ではなかったはずなのに、してしまったということは、まあ、離れられないでしょう」

チャネリング内容を検証することはできないが、なぜか私には腑に落ちるものがあり、

「やっぱり彼と離れられないのは前世からの縁だ。大変でも仕方ないのだ」と思った。

＊

同じ年、別のチャネラーもカルロスの存在を感じ、こう言った。

「彼とは母と子の関係だったね。彼は今も子どもみたいな人だね。でも美保ちゃんのことを守っているね。美保ちゃんは彼に対して罪の意識があるみたいだね」

私自身の中にもそれを予感する感覚があり、納得できた。

どうやら、とある前世で彼と親子関係だった時、私は訳あって実の子である彼を手離さなくてはならなかった経緯があったらしい。

そのため私は、今生で償いの意識が働き、どんなに破天荒でも彼を見捨てることはできず、何

かしら援助していたのだ。

＊

そして彼自身からも不思議な言葉を聞いた。

「君はシャーマンなんだから！」

話の前後は覚えていない。彼自身もなんらかの過去生記憶が部分的にあり、ふいに蘇ったのだと思う。

＊

このようにして、断片的な過去生ビジョン、チャネラーによる見解、彼の発言、そして自分自身に内包された感覚により、彼との深いつながりを予測していた。

だがこれらはあくまでも部分的なパーツであり、全体像は把握できなかった。

次の9章―3では、リアルな過去での出来事と、そこから見た私たちの繋がり、今生に託されていたミッションと結実をお伝えする。

3　私とカルロスの過去生タイムトラベル

私とカルロスとの間には、今生だけではない魂の深いつながりがあるのは分かっていた。その関係が、この原稿にとって大事な鍵になるのではないかと思い、過去生を深く探るチャレンジをした。

目を閉じた私は、自動的に一九九九年に登山中見たビジョン（9章―2に書いた部分）へタイムトラベルして行った。

＊＊＊

私の道は、かの地へ向かう道。
私の道は遠き道。

平原は私たちに何もかも全てを与えてくれていた。
風は吹きわたり、太陽は照り、星々はその歌を降ろした。
私たちはここでずっとずっと生きていた。
何回も転生を繰り返し、この地にその血と命を燃やした。

私はその部族の娘。

誇り高き、知力と意識を持った部族の娘。

＊

私はネイティブインディアンの、とある部族の女性。

みんなから〝月に吠える女〟と呼ばれていた。

月夜の晩には火のサークルから出て一人でこっそり山へ登り、月に向かって吠えるのをみんなは知っていたからだ。

歳は二十と四つの歳が回ってきた。

同じ年頃の女たちは結婚して子供を産んでいたが、私はまだ結婚したくなかった。

決められた人と一緒になるより、自由でいたかった。

私の祖母はメディスンウーマンで薬草の智慧があり、病気の人を治していた。

私は、小さい頃から祖母の薬草摘みについて回っていた。

さらに私は、人の心が読める特殊な力を持っていた。

その人自身も気づいていない、心の奥深くに隠れているものが見えてしまう透視力だった。

部族の長老である祖父は、私の力に気づいていて、できるだけ人に知られないようにした。

成人した私は、祖母に代わり、薬草の知識と透視能力を生かして病の人を治療するようになった。

＊

ある時、祖父が私を呼び毅然とした口調で言った。

「これから先何が起きるか分からん。何かあった時には皆をおいて逃げるのだ。

お前は部族の血とお前自身の特別な力を守るのだよ。

外から来た者にお前の能力を悪用されるかもしれない。

だから、今までも口外しないようにしてきた。

その力は必要な人へ善なる意図のもと、使われなくてはならない。

この母なる大地が怒り出さないよう、大地に対しても意識の力を使うのだ。

これから起こることは、我々自身にも、母なる大地にも喜ばしいこととは言えない。

だがお前は、新しい土地を見つけ、新たな命を育み、人々と我々の智慧を分かち合うのだ。

お前を守る者がおるからしっかりついていくのだよ」

「どうしてそんなことが分かるの？　おじいちゃん」私は信じたくない予言に震えた。

するとは祖父は微笑んで答えた。

「風だよ、風がそう言ったのだ。

『あなた方にとって悪しき時代がくる。

だから魂の血を大地に残したければ、綿毛のように種を飛ばさなくてはならない。

あなた方は我々の古い友だ。

だからあなた方が種を飛ばそうとする時、我らは綿毛を捉え、種を運ぶ手伝いをしよう』

風の声はあまりにもはっきりしていた。

その時、誰が種の役割を果たすのかそれは分からない。

もしお前にチャンスがあれば行かなくてはならない。

お前は人一倍責任感が強い。だからここに残って部族を守ろうとするだろう。

だが、お前は種になるべき存在だ。

種は風に乗り、遠くへ飛ばされなければならない。

それが綿毛をつけた者の使命なのだよ。飛び立つ時、別れは辛いだろう。

だがそれよりも、風の運ぶ先を見つめなければならない。

元の場所の悲しみにくれてばかりではいけない」


私には祖父が、なぜ微笑んだまま危機的な話をできるのか分からなかった。

そしてこの恐ろしい予知が現実にならないで欲しいと思った。

＊

ところで私にはいいなづけがいた。彼の歳は私と同じ。

部族の中において、彼はなんの取り柄もない男に見えた。

私には、なぜ彼が自分のいいなづけなのか分からなかった。

彼の朴訥《ぼくとつ》とした顔つきや、はにかみがちな笑顔は魅力的に感じなかった。

彼は普通すぎたし、特に秀でているところがあるように思えなかった。

要するに私は彼に対してほとんど興味がなかった。

彼は私に対して好意を持っているようだったが、長老の孫にあたりヒーラーでもある私への遠慮からか、気安く声をかけては来なかった。

＊

そして……あの悲劇が突如やって来た時、誰かが絶叫する声に私は凍りついた。

すると身動きできない私の左手首を強く掴んだ者がいた。

それが、いいなづけの彼だった。

そしてあっという間に私を担ぎ上げて馬に乗せ、全速力で村から離れた。

私が叫び声も上げないうちに、全てが起こってしまった。

私たちはごく短時間でかなり遠くまで逃げ延びていた。

太陽は白い靄《もや》の彼方で世界を見つめ、風は停止し、呪われた瞬間に精霊たち全てが息を潜めていた。

祖父の予見した事態が起こったのだ。

それにしてもいいなづけの彼はなぜこんなにも機敏に行動できたのだろうか？

そうか……祖父に命じられていたのだ。その時が来たら私を連れて逃げるように、と。

＊

私は打ちひしがれ、遠ざかって行くばかりの村に意識が向いた。

私の耳には人々の叫び声と、何かを突き刺す恐ろしい鈍い音が残っていた。

別のティピにいた私は、その現場を目の当たりにはしなかった。

でも見てしまっていたら、私は彼らを置いて脱出できなかっただろう。

私の意識は何度も何度もその時空へと戻り、凄惨《せいさん》な狂気の時間に留まってしまった。

心は占領され、過去の時空に満たされて、目の前の現実に意識を向けられなかった。

私はうなだれて馬に乗り、ただ引き連れられて行った。

＊

空は曇り、風は冷たく、太陽はずっとずっと雲の中を通過していた。

彼は何も言わず、黙々と崖づたいの道なき道を登って行った。進むしかなかった。

私はティピの中で火を囲み、家族と穏やかに話していたことを思い出していた。

もうあの場所には戻れない。

平和な村が突如襲われ焼かれた。みんな殺されてしまったのか？

胸が張り裂けそうだ。

＊

とても高い峰に辿り着いた時、私は自分の暮らしていた平原を見渡せる最後の場所だと知った。

この峰を下って南へ行けば二度と故郷を見ることはできない。

彼もしばし佇んで、愛おしい地を眺めた。

私の中から激しい慟哭《どうこく》が込み上げ続けた。

彼は静かに馬を引き、その峰を下った。

＊

彼がどんな心持ちでいるのか、私は垣間見る余裕などなかった。

私の虚ろな目に見えているのは、彼の後ろ姿と、荒い地のキナリ色の衣だけ。

襟足までの黒い髪。頑丈な手足。

道々で彼は食べられる実や薬草を採り、私に黙って渡した。私は無気力にそれらを口に入れた。

またある時、彼は動物を捕まえた。

私たちは野宿し、久しぶりに火を使った食べ物を口にした。だが私には味が分からなかった。

彼は全てを黙ってこなしていた。

黙々と馬を引き、進路を探し、私の体調を気遣った。

私は馬の背で悲しみと衝撃に打ちひしがれ、魂が抜けたように連れられて行った。

＊

そんなある日、彼は行先を決めるために馬を連れて出かけて行き、私は岩場の洞窟で休息していた。

洞窟の中では火をおこすことはできない。私はゴツゴツした穴の奥で寒さに震えて身を縮めていた。
彼は出て行ったまま戻らない。私は初めて喉の渇きと空腹を感じた。
何も手持ちがない。私は体を丸めて少し眠ろうとした。
洞窟の奥まで風が入って寒かった。
夜になった。彼は戻らなかった。

翌朝目を覚ました時、彼の姿はなかった。
私は入り口まで出て、外を見た。
この洞窟は絡まった植物が垂れ下がっていて、中は分かりにくくなっている。
彼は出かける時「ここから動かないように」とだけしっかりと言った。
二日目、その日も彼は戻らなかった。時間は恐ろしくゆっくりだった。
もしこのまま彼が帰らなかったら、私は一人で旅を続けるのだろうか?
そんな思いがふと浮かんだ。
そして私は今まで彼の意識を「見たことがない」ことに気づいた。

私はこの逃避行において自分自身の悲しみと嘆き、去って来た村の悲劇、つまり過去に意識を費やしていた。
彼に対して元々興味もなかったこともあったが、彼が何を感じ、どう意識を使っているのか全く気にかけていなかった。

私は彼が今、どこで何をしているのか気になった。

そして彼の意識に自分の意識の照準を合わせた。


……するとそこに見えたのは、緑の濃い森や谷だった。

もちろん彼がそんなに遠くまで行っているはずがなかった。


だからそれは彼が想い描いている〝ビジョン〟に違いない。

彼の心は……信じられないが〝未来にだけ〟向けられていた。

彼の心は暖かで穏やかな心地にいて、お日様を感じ、鳥のさえずりを聞いていた。

彼は去って来た凄惨《せいさん》な現場に全く意識を注いでいなかった。

彼は自分自身が望ましいと思う地へ、意識の眼差しを向けることだけにフォーカスしていた。

彼の意識は未来にだけ注がれていた！


未来にだけ!!

未来にだけ！

未来……。

そして彼の中に私への想いを見た。

彼にとって私は、憧れの存在。大切で尊敬すべき存在だった。

「この女性《ひと》をどうしても守りたい」と、彼は強く祈っていた。

彼にとって〝いいなづけ〟という定めは重要視されていなかった。

それより、私への敬愛で占められていた。

敬愛……。

「この女性《ひと》を僕が守るのだ！」「この大切な女性《ひと》を僕が守るのだ!!」

これだけに彼の願いと祈りは注がれていた。

＊

その意識の全貌を見た時、私の頬は涙に濡れていた。

私はシャーマンと呼ばれ、ヒーラーと呼ばれていたが、この逃避行中、過去にのみ意識を囚われていた。

そしてそこから沸き起こる巨大な苦悩で、自分自身を消耗していた。

私は過去に対してのみ、全ての意志力を使っていた。

ところがどうだ。部族の中でもほとんど目立たなかったあの彼が、望ましい未来にフォーカスし、そこに行こうと力を尽くしていた。

自分の命をかけて「この女性《ひと》を守るのだ！」と誓いを立てていた。

それをおくびにも出さず、ただ優しい仕草で、木の実を私にくれた。

私にとって彼は、取るに足らない存在だった。

私は何をしていたのだろうか。見えない力を使える者でありながら、彼に全てを委ねていた。

私の中で、彼への敬意が突然芽生えた。

長老の孫である私の立場と、彼の立場の垣根は消えて行った。

彼の精神力、忍耐強さ、慎重な行動、人を思いやる優しさと包容力が、私の中で認識された。

そして、これほど優れた彼の資質に今まで全く気づいていなかった自分に驚いた。

彼に秘められている不屈の精神性。

祖父はそれを知っていたからこそ、私の未来の夫に選んだのだと、今になって理解した。


すると「もしここで彼を失ったら、もし彼が戻って来なかったら……」という不安に襲われた。

それは自分の行く末に対する心配ではない。

彼と言う尊い存在を、大地が失うかもしれないという恐れだった。

私は洞窟の岩の間で座り直した。

そして「どうか彼が無事に戻りますように」と精霊たちに祈り始めた。

彼のボディに守護のエネルギーを注ぎ、大地、風、天空の全てのものたちに、「彼を守って欲しい」と祈った。

彼という優れた存在を「生かして欲しい」と祈った。


こうして夜が明けていった。三日目の朝だった。

その時、洞窟の入り口に影が見えた。

私は岩と岩の間を抜けて外へ出た。

そこに馬を引いた彼がいた。彼の顔は少し汚れていたが、優しく清々しく微笑んだ。

そしてすぐには何も言わなかった。

私は泣き崩れてしまった。それは喜びの涙だった。

彼が帰って来たから自分が助かったのではなく、彼と言う存在が無事であった喜びと、全てのものに対する大きな感謝が湧き出ていた。

それは遠い未来と過去のどこかで、彼と私を結びつけてくれていた、大いなる存在への感謝でもあった。

私の涙が止まらないのを見て、彼はちょっと驚き、少々困った様子を見せた。

朝日が私たちを明るく照らし始めた。

私はこの三日の間に大切なことを知ったのだ。

私たちの魂は、使命を果たすため深く結ばれている。

そして次の瞬間、私はこの人生において初めて、特定の誰かを〝愛する〟自分を感じた。

私は「彼の妻になりたい」と心から願った。

私は生きる。部族の血、そして智慧を絶やしてはなるまい。

＊

その後の道はいくつもの険しい山を越える過酷な旅だった。

私がきつい道のりに耐えられたのは彼がいたからだ。

私と彼は旅の間に打ち解けていった。

やがて本格的な冬に入る前、どうにか落ち着く土地を見つけることができた。

その大地は山と森と川も近くにあり、新しい暮らしにふさわしい土地だった。

そして、すでに新しい生命が私の体に宿っていた。

長老である祖父に言われたように、私は彼とこの新たな大地で、森と動植物と新しい命を育んで生きていくのだ。

＊＊＊

私は、この過去生トラベリングから戻った時、心の奥深くから泣いた。

一九九九年に断片的なビジョンを見た際、その男性がカルロスだとは全く思わなかった。

しかし全貌を見て、この執筆は私とカルロスとの壮大な愛のストーリーを完結するためでもあるのかと思ったほどだ。

私とカルロスは前世で何度も何度も出会い、深い縁を重ねて来た。

今生で別れても離れられない存在だった。

私は原稿を書くまで、複数のカルマを解消しミッションが終わったから、彼は去っていったのだと思っていた。

しかしこのトラベリングを終え、彼が大事な役割を担って私と共にいたのだと、ようやく実感した。


私をグアテマラの森とマヤナッツに出会わせてくれたカルロス。

大勢の人々の前で震えながら話す私のそばにいてくれたカルロス。

人見知りの私に、行く先々で人を繋いでくれたカルロス。

住居と事業の拠点になった富士山麓へ導いてくれたカルロス。

移住の際、車が必要だと自分と私の車二台も宇宙循環で準備してくれていたカルロス。

〝グアテマヤ〟という事業名のきっかけをくれたカルロス。

商品に〝マヤスピリット〟という精神的ネームをもたらしてくれたカルロス。

資金のなかった私に、廃材でオフィスＤＩＹしてくれたカルロス。

慣れない出店と接客が苦手な私を助け、たくさんのお客様を引き寄せてくれたカルロス。

人手は足りないけれど、雇用する事業体力がない時、パッキングサポートしてくれたカルロス。

私の心が動揺して涙が止まらない時、慰めてハグしてくれたカルロス。

私が落ち込んでいる時、笑わせてくれたカルロス。

自分を可愛くないと思ってきた私に、いつも「君は可愛いよ。美しいよ」と言ってくれたカルロス。

私が疲れて何もできない状態でいる時、優しく「ゆっくり休んだらいいよ」と言ってマッサージしたり、ご飯を作ってくれたカルロス。

私が嬉しい時、共に喜んでくれたカルロス。


私は稼がない彼にいつも腹を立てていた。私は、生きるためには賃金労働をし続けるしかないと思っていた。

その時期に、彼は自由でいるため、どうすればお金を得られるか模索し続けていた。私たちは対局にあった。彼は私に「お金の奴隷にならなくても生きていけるのだよ」と自らの姿で示してくれていたのだ。

私が彼を支えているのだとずっと思っていたが、実は彼が私をサポートしてくれていた。

私の今生の使命はマヤナッツを世界に広めること。

彼はマヤナッツ事業のベースが出来上がるまで見守り、励ましてくれていたのだ。

彼は私を導く人であり、何があっても守ってくれる重要な存在だったのだ。

先ほどの過去生と同じ役割を担っているではないか！


今生において私とカルロスの間には子どもはできなかった。

なぜ宿らなかったのか、今は確信している。

私たちにとって、妊娠・出産・子育てと、マヤナッツ事業の両立は困難だった。

だから子どもを設けることは地上に降りる前から選んでいなかったのだ。

そして今生における私たちの〝子育て〟は、マヤナッツを人々の中で活かすことだった。


その上、彼は去り際もギフトを残して行った。

9章の1で書いたように、彼が作業行程から抜けることで、マヤナッツ事業は地元の人たちとの協働仕事に発展できた。

さらに私が希求していた願いが叶った。

それはグアテマラの森と女性たち、日本のハンディキャップがある人たちを、愛の循環で結ぶ事業スタイルが構築できたことだ。

これはカルロスがマヤナッツの仕事から退席したからこそ実現した、ラストギフトだった。

彼は魂レベルで決めていた役割を全うし、次のミッションのため旅立つ段階に至った。

そしてその決定的な転機要因を作ってくれたのが、彼の子どもを宿した彼女だった。

〝妊娠〟という強烈な事象は、何ものよりも強い現実だ。

そうとは知らず、当時の私は彼らを許せないと思っていた。

全ては魂のプランと大いなるものの計らいだった。私は今頃になってようやく気付いたのだから驚きだ。

*

私はずっと、破天荒な存在であるカルロスをパートナーに選んでしまった自分を愚かだと思ったり、他人に引け目を感じたり、自身と彼の真の価値を損なってきた。

しかし彼も私もやり切ったのだ。それだけでも素晴らしい人生だと思える。

今私は、はちきれんばかりの歓びでいっぱいだ。

地球に生まれ、一つの大きな課題を完了できた達成感で満たされている。

魂の絆と大いなるプラン。神と宇宙にひれ伏したい気分だ。

ここに生まれてきてよかった。

カルロスにあらためて言いたい。

「ありがとう。あなたの深い愛にまた出会えて幸せだったたよ」

「君は僕の永遠の家族だ」

遥かなる時空を超えて彼の声が響いた。

第10章　予期せぬまさかの決意行動

1　マヤナッツを手放すという異変

二〇一三年冬至。マヤナッツの仕事を辞める決意表明をした。

〝辞める〟というのは事業そのものを終わらせる、という意味ではなく、あくまでも私自身が仕事から退く、という意味だ。

このありえない決意は、突然やってきたかに見えたが、その兆しはあった。

二〇一三年の始め「マヤナッツを手放すことがあるのかもしれない」と、心の奥から湧いてきた。理性に言わせると、とんでもないことだ。

人生をかけて育てた、いのちと同じくらい大切なマヤナッツ事業から私が退くなど出来るわけがない。

そもそも、どうして手放さなきゃいけないのか？　訳が分からない。

「湧いてきたこと」は頭で考えても理解できないので、その時は意識から却下した。

この年は前章で記したカルロスとの別れがあり、それに伴った悲しみ、苦しみ、孤独、嫉妬、怖れや怒り、すべてを手放す一大改革の年だった。

驚くべき事象に対し、荒れ狂う感情。

それらひとつひとつに向き合い、自分を顧みて許し、手放し、解放してゆくプロセスだった。

その影響もあり、私は以前から気になっていたチャネリング講座を知人から受けた。

人と対面し、相手の高次の存在とコンタクトしてメッセージを伝える、というスタイルだが、自分の口からスラスラとチャネリング内容が出て来る体験は驚きで、胸が高鳴った。

その講座も終盤となり「今年は我ながらよくやったな」と、思っていた冬至前。

ふと湧いてきた『マヤナッツ事業から離れる』という意味不明な示唆。

「えっこれも手放すの?」。想像するだけでも恐ろしくて心臓がドキドキした。

年始に感じ、記憶から消していたのに、また現れた!

私は内なる自分とやり取りした。

「あー出てきちゃった。どうするの?」

「今まで苦労してやってきたのに、なぜ辞める必要があるの? 何考えてんの? 頭おかしくなったんじゃないの? 手放したら何が残る? 私にはそれしかないでしょう? どうやって食べていくの？」

否定的な言葉のオンパレードに自身が追い詰められた。

ところがもう一人の私はこう言った。

「もう次のステップに行く時でしょう。手放さないと進めないよ。〝チャネリング〟という手法を使って、人の意識を高める助けができるよ」

「チャネリング？　私がそんなことしていいの？　人を助けるなんておこがましい。やっている人はたくさんいる。私がやらなくてもいいと思うけど。それに周囲の人たちはどう思う？　リスクがありすぎるし、選ばない方がいいよ」

未体験の世界への不安と期待で、天と地を行ったり来たりするほど葛藤した。

内なる衝突がありながらもとうとう私は、マヤナッツの仕事を手放し、新しい世界に飛び込む決意をした。

一二月二一日冬至、清水の舞台から飛び降りる気持ちで決意表明することにした。

「魂の声に従い、チャネリングとエネルギーワークで人々の意識を高め、愛を広げていく仕事をやっていきます」とブログに表明したのだ。

予想はしていたものの、周囲はかなり驚いた。

多くは驚嘆と励ましだったが、一部否定的な声もあった。

具体的には覚えていないが「チャネリングなどでお金をもらうのはけしからん」という内容だった。

そしてマヤナッツ事業を誰かに引き継いでもらう必要も、もちろんあった。

決意表明の前、二年間仕事をしてくれていたスタッフYちゃんに、私の気持ちを伝え今後のことをお願いした。

彼女は私の突拍子もない話に驚きながら、致し方なく引き継いでくれることになった。

今でも突然の申し出を受け入れてくれたYちゃんには深く感謝している。

そしてこの時、最適な人を準備しておいてくれた宇宙に感謝せずにはいられない。

こうして私は、先々どうなっていくのか不明の白紙状態になった。

とにかく仕事の引き継ぎをし、翌年二〇一四年の二月、メキシコ、グアテマラへ旅立って行った。

2　マヤの聖なる場所へ誘われて

マヤナッツの仕事を一旦スタッフに託してメキシコ、グアテマラへ旅に出た。

二〇一四年二月のことだった。

考古学的見解では、ティカル遺跡のピラミッド近くに貯蔵庫があり、そこからラモンのDNA

が確認されている。

それは、当時の人たちがラモンを貯蔵していたことを証明するものである。

長年の研究によって、古代マヤ時代ラモンは重要な食糧であったと言われている。

それとは別に古代マヤ人がピラミッドを建設する時に、ピラミッド周辺にラモンを計画的に植えていたことがわかっている。

それは、最初から壮大な都市計画の中にラモンを食料にするプランが練られていたのだと予測できる。

他のマヤ遺跡についてのアカデミック見解は分からないが、私が実際に見て感じた体験から他の地域もラモンは重要な存在だったと確信できる。


直観に従って今回の旅はパレンケから始まった。

パレンケ遺跡はジャングルの中にある。

鬱蒼《うっそう》として、しっとり、もわっとした熱帯の空気が漂う。

その中から聞こえる鳥や吠え猿の声。

上り坂を行くと開けた場所に出た。

そこはパカル王と妃の墓、正面に宮殿らしき大きな建造物が見える。

宮殿に近づくにつれて、ハートのあたりがバクバクし始めた。

中に入って行くと、とても強いエネルギーを感じる。

普段エネルギーを感じにくいので、一体何が起こっているのかと自分の反応に驚いた。

心臓の鼓動は高まり、体中がビリビリきて、脳のてっぺんに穴が空いて、からだの中心に円柱上の筒のようなものが通り、足の先までそのエネルギーが貫かれるような感じだった。

宮殿の中の細い廊下では、ボディアンテナがとても強く感じたので写真を撮ったら、緑と白のはっきりとしたオーブが現れた。どこもすごいオーブだった。

観光客がいなくなるのを見計らって中庭で瞑想をした。

すると、待っていましたとばかりに交信が始まった。

まるで私の脳がコンピューターのように情報がダウンロードされていった。

『よく来てくれました。貴女がここに来てくれたことを私たちは喜んでいます。
ハートを開いた状態でいてください。
伝えたいことがあります。
貴女は時代を超えて重要な役割と使命を果たしてきました。
シャーマンだった人生や、要職だった人生など複数です。
本当によく戻ってきてくれました。
貴女にやって欲しいことがあります。
これから出会う人たちを導いて下さい』
私「どうやって？」

『何も考えなくても大丈夫です。サポートしていきます。

貴女本来のものが現れてくるので出来るのです。

ここで貴女はさらにインスパイアされました。

ハートで感じて下さい。チェチェンに行って下さい』

私「今、チェチェンに行くことは全体にとって必要なことですか？」

『そうです。チェチェンに行くことでもっとインスパイアされます。もちろん、自由意志です。

貴女が望めば』

そんなことを急に見えない存在から言われてどうしよう？と頭ではあれこれと考えてしまった。

しかし、深いところでは、すでに答えは決まっているのだ。

私は、これからどうなるのか？　ドキドキしながらチェチェン行きに計画を変更した。


そして、パレンケから夜行バスに乗ってメリダを経由して、チェチェン・イッツア（チェチェン）へ向かう。全く予定外の行動になった。

チェチェンもとても広い遺跡だが、私のハートと脳を探知機にして、二つが大きく反応する場所を探した。

それは、ベナード（鹿）の部屋という建造物の前だった。

そこで瞑想すると、意識がシフトされて、違う次元の私が現れた。

『私は貴女の過去であり、今であり、未来の貴女と繋がっています。多次元に存在する貴女の叡智をみんなに伝えていって下さい』

私「叡智といっても私は分からないけど……」

『思い出していきます。知っていたことを思い出して伝えていくのです。何も心配いりません。貴女は守られています。古代の叡智は未来の叡智でもあります』


見えない存在から受けとるメッセージが私にはまだ、よく分からない。頭で理解しようとしているからだと思う。

それでも、私の体感センサーがキャッチした時の反応は、今までのレベルを超えるものだった。

そして、何よりも深いところからワクワクしている感じがあったので、とにかく、行き着くところまで行ってみようと思った。


次に行ったのは、バランカンチェ洞窟。

小さな入口から階段を降り、何千年もの間に自然に造られた鍾乳洞の中を歩いて行く。

中に入った途端、異次元にシフトしたような感じになった。

心臓の鼓動は早まり、体はビリビリして、湿気の多い洞窟の中なのに、ブルッと身震いをするような寒気を感じた。

奥へ奥へと歩を進めながら全身が媒体となり、頭上から体の中心を突き抜けるようなエネルギーを体感した。

深い魂の底から何かが湧き上がってくるものがあり、泣きそうになったが、その時は自分一人ではなかったので必死でこらえた。


石灰質の岩盤に水滴が落ちて自然の造形によってできた壁の窪みが、ちょうど人が一人入れるような祠《ほこら》のように見えた。

他にも数人が座れそうな平らな空間もあった。

「あーこの場所は一体何?」


過去世で儀式をしていたような感覚が湧き上がる。

大切な秘密の場所。

多くの人に知られて欲しくない場所だった。

「この場にいたことがある」


一番奥の暗がりの中、知らずに足を踏み入れてしまった。

そこは、水が湧いているところだった。その奥は暗いがそのまま続く水路のトンネルのようになっていた。

そこまで来て、（これは、執筆中によみがえってきた言葉）

『ここは、神聖な場所であり、この場で我々は、すべての存在のために儀式をしていた。この洞窟は、チェチェンやいくつかの秘密の場所とつながっている。

長い年月ここで重要な儀式を行った。この場を我々の手で封じたが、外からの人間により開けられてしまった。

我々はそのことを望んでいなかったが、それによって、貴女のように導かれてくる者もいる。

その者たちが結集して、力を合わせてこの世界を変えていってくれる者となることを望む。

貴女たちが自分の元々持っていた力を思い出し、使うことによって。

多くの者たちが自分の持っている本来の力を忘れている。

それを思い出すようにして欲しい。本来持っている高次の意識と力を思い出し、意図的に使っていくことが本来の目的であり、生きるということである。

貴女は自分が何者であったかをここに来てようやく思い出すことができた。

それを貴女が意図的に使い、導く人となっていくであろう』

最後に一人にさせてもらった途端にむせぶように号泣した。

『このエネルギーを受けとって下さい。

貴女が受けとったエネルギーをたくさんの人に光として、送ることができます』と聞こえた。

洞窟から出た私は、放心状態になっていた。

何も考えられなかったが、なぜか向かう先だけは、分かっていた。


次はトゥルム遺跡。

今や何のために、何をしに？などは考えていなかった。

一旦頭で理解しようとすることをやめて、ただただ、魂が示す方向へ体を従わせた。

そうしているうちに、遂にここまで来てしまった。

ユカタン半島の端っこ。

カリブ海のエメラルドグリーンの美しい海に面した断崖絶壁にピラミッドや宮殿がある。

ここも入った時から今や私のセンサーとなったハートの高鳴りを感じた。

そうなると、センサーを頼りに海を眺め、風を感じ、太陽の光を感じ、トゥルムというこの場所全体のエネルギーを体全体で感じながら歩いた。

イグアナがたくさん迎えてくれた。

ここでは、暮らしていないが、何度も訪れた場所のようだ。

湧いてきた言葉は
『意識を高めて下さい。貴女が人を導く人となることを期待しています。
貴女がハートで感じ行動したことをシェアして下さい。

今は、謙虚に意識を高めることに専念して下さい』

こうして次々に魂の故郷と思われる場所で受けとるメッセージに圧倒されながら、メキシコ側のマヤの聖地をまわったのだった。

グアテマラ側は、勝手知ったるところのつもりで行ってみた。

ここでも始めて感じることが起こった。

グアテマラ側のヤシャ遺跡では、ある場所に近づくと次元が変わったような感覚に陥り、心臓がドックンドックンしてきた。

その場で一緒に来た人と思い思いの時間を過ごす。

ピラミッドの上が平らになっている場所に登り、私はそこでいつの間にか舞い始めていた。

隣のピラミッドでMちゃんが同じように舞っていた。

「あ、この人と私、同じ時に一緒に仕事をしていた。この人もシャーマンだった。そうだったのか」

と、思う。


ヤシャ遺跡は森の中にあり、二つの湖がある場所。

森から見下ろすところに湖が見えた。

その光景を目にしてハッとする。

「あっ、ここ！　この場所」

この光景こそ、私が長年、森と湖に近いところに住みたいと探し求めていた場所だった。

ずっと今世で住みたいと思った場所は、魂が過去世で暮らした場所だったことが分かった。

こうして、メキシコとグアテマラの古代マヤの聖地に導かれ、思ってもない展開になった。

今では、二つの国の間には、ジャングルの中に国境線が引かれているが、昔はもちろん国境はなかった。

私の魂はそのマヤの地で一度ならず、何度も生まれ変わっていたことが頭でなく、ハートで実感するという魂レベルの深い体験となった。

それだけでなく、私が誘われた場所には今もラモン（マヤナッツ）の木がたくさんあり、静かに強く存在してくれていた。

それは、何度も何度も生まれ変わりながらもラモンは私の魂と共にいたのだという懐かしい思いと、すべて宇宙の計画ではないか?という壮大な感覚に出会った。

私は行く先々で彼らと出会うと胸がときめき、感謝の言葉がこぼれた。

「ずっとここにいてくれたんだね。ありがとう。ここまで導いてくれて……」

ここで再会できた喜びが沸々と湧いてくるようだった。

私がなぜ、ラモン（マヤナッツ）を広めることになったのかこの旅は深いところから示してくれた。

魂とラモン（マヤナッツ）は同じ時を過ごしてきたのだ。

そして、私が思い出していないこともラモン（マヤナッツ）はすべて知っている。

この旅が終わって、自分の深いところから出てきた言葉。


『古代も現代も未来もひとつに繋がっています。

どうか元々持っていた高次の意識に戻れるように意識を高めてください。

そのプロセスが大事なのです。

貴女の意識が高まっていく、そのプロセスが人々に気づきを与えることになります。

指をパチンとならせば、簡単にシフトできるようなものではありません。

人々を導くというのは、特別高いところにいてグルのようにやることだけではないのです。

悟ったところから言えることもありますが、悟っていない、目覚めていない、普通の貴女が目覚めていく過程が人々にとって大事なことなのです』

このメッセージは、私の中にストンと入ってきた。

等身大の自分で、私の生きていく姿をシェアしていくことが、恥ずかしいけれども人の役に立つのなら使っていただこう。

これから自分が何をやっていけばよいのか、方向が示された言葉だった。

マヤナッツを人に委ねて出てきたこの旅の中で、私の魂とマヤとの深い関係をハートとボディで体感し、何世代もの時を超えて魂とマヤナッツが共にいたことは、想像を超えたものだった。

このタイミングで、このことが分かるように導かれたのも、私がマヤナッツを一旦、自分の手から放したからなのかもしれない、と思った。

＊

私は、マヤナッツ卒業の次なるステージでは、スピリチュアルな道、具体的にはチャネリングをして必要な人へ魂のサポートをしていこう、と思っていた。

それが、今回の旅で、自分の浅はかさに気づいた。

チャネリングをするよりも自分の意識を高めること。

私のスピリチュアルへの道はマヤナッツと共に生き、魂の成長をすることだった。

＊

二〇一四年二月、グアテマヤの仕事をスタッフに託して、はた目には無責任なことをして旅に出ていた頃。

マヤナッツコーヒー風がエコな商品というコラムで東京新聞、中京新聞に掲載され大ブレイクが起こっていたのだ。

掲載されることは、知っていたが、ここまで大きな反響があるとは予想していなかった。

当時、否応なく仕事を任されたスタッフのYちゃんは、ひっきりなしの電話と発送に追われていた。

ピークが少し過ぎた頃の二月、バレンタインデー前後に山梨富士山麓周辺では何十年ぶりかの大雪に二度も見まわれ、交通がストップしてしまった。

彼女の自宅周辺で二メートル以上の雪が積もり、道が遮断され、オフィスにも通えなくなっていた。

彼女は、自宅でまだまだ来ている注文者へ対応してくれていた。

一体マヤナッツに何が起こっているのだろう？と異国の地から私はエールを送り、祈るしかなかった。

その現象は、マヤナッツがこれから大きく広がっていく予兆のように感じた。

3　帰国後の私と、マヤナッツの次なるステージへの上昇プロセス

二〇一四年三月、私はマヤの聖地を巡る旅を終えて帰国した。

「マヤナッツ事業から離れます」と宣言して旅に出たものの、その後の私は、再びこの仕事を続けていった。

周囲の人には、私の行動が意味不明に見えただろう。

私自身も言行不一致な自分の体裁が悪く、いじいじと思い悩んだ。元の鞘に戻った理由を自分自身ですら理解できなかったし、旅先での体験を皆が納得できる言葉で説明するのは不可能だった。

しかしこの本の執筆にあたり、一体何が起こっていたのか明らかにして、一貫性に欠けた当時の行動の裏側には何が潜み、その後のマヤナッツ事業にどう影響したのか明確にする必要が出て来た。

過去の記録を見ても分からず、今の私にも分からないことは、マヤナッツ自身に問い合わせるしかないと考え、瞑想下でマヤナッツに尋ねてみたところ、その答えを得た。

次の文面はマヤナッツ存在からの言葉です。

＊＊＊

あなたがマヤナッツの事業を手放し、その後戻ってきた理由は私たちの計画の一部でした。

あなたはそれまで培ったすべてから解放され、ニュートラルになる必要があったのです。

あなたの魂の記憶と私たちとの他生での繋がりを呼び起こすために、私たちはあなたを聖地の旅へ誘いました。

そしてマヤの地において、あなたの魂の記憶は蘇りました。古代の感覚がリアルに蘇った状態で、目の前に存在している（ラモンの木）とあらためて出会うことで、関係の深さが認識されました。

あなたはこれまでマヤナッツ事業の目的は、マヤの森を守り、人々の暮らしを支えることだと認識していました。

しかし私たちとあなたが意図していたのは、ずっとずっと大きな規模です。

あなたは、この地球上でマヤナッツの真の意味を広げていくことが決められていました。

真の意味とは、人々が本来持っている愛に目覚め、地球上の危機から惑星を救うことです。そのために私たちはこの地球上に降りてきました。

地上に生きる人々が自らの内なる愛に気づき、地球も地上に暮らす全ての動植物も同じであると気づき慈しむことができれば、この星は危機を脱することができます。

＊

あなたが地球に降りる前、私たちと計画したこと。

それが〝地球上でマヤナッツの効用を拡大し、浸透させる〟というあなたのミッション。

この働きが多くの人に愛の種を蒔き発芽し始めました。

当時、あなたの頭脳は使命の全貌を把握していませんでした。

しかし理解していなくとも、魂は強い疼きを発し、あなたを内部から刺激しました。

そして計画通り、あなたは志の道を歩んでくれたのです。

さらに、この事業は個人的ミッションではないことを分かっていましたね。

マヤナッツ事業はあなただけのものではないと多くの人が感じ、その重大さに無意識的に気づきました。

だからこそ、みんなの心が動き、助けられてここまでやってきたのです。

＊

あなたは、マヤナッツが単なる栄養豊富な実ではないということをずっと感じていました。

それでも、マヤナッツそのものが〝人々の中の愛に目覚めさせ、地球を危機から救出する〟というスピリチュアルな目的を携えた存在だとは把握していませんでした。

当時、あなたの頭脳は〝チャネリング〟という新しく体得した手法で、人々の意識に働きかける仕事に移行し、スピリチュアルに生きたいと、強く願っていましたね。

あなたの歩いている道は、すでに「人々の意識に働きかける、スピリチュアルなお仕事」だったのですよ。

＊

あなたが事業の意味を新しく捉え直して進むには、頭脳レベルでのグレード、つまり〝意識レベル〟を上げる必要がありました。

あの旅はあなたの感覚を呼び覚ましましたが、頭脳は理解するところまで到達していませんでした。だから周囲の人に説明することができなかったのです。

それでも直感で進むあなたは旅から戻ると、突き動かされるようにマヤナッツのグレードを上げていくことに力を注いでくれました。

＊

さらに、あなたと私たちが計画していた重要部分は、あなた自身のストーリーを人々に見せることでした。

魂の衝動を受け取りパッションから行動していく強さ、勇気、果敢なエネルギーは、私たちマヤナッツの作用そのものだからです。

あなたは他の人々と同じように、魂レベルの記憶をほとんど失った状態で地上に降りました。

みんなと同じ立場からスタートする必要があったからです。

その道のりは苦難の連続になると予想されていました。

だからこそ、私たちはあなたに強力な助っ人を随行させておいたのです。

その存在とあなたは、ほぼ同時のタイミングで地球に到着し、（誕生日が二カ月違い）彼は、〝カルロス〟と名付けられました。

あなたと彼は、二人ともマヤナッツの使者として地球に貢献し、そのストーリーを人々に見せることで、マヤナッツの効能を実証することができるのです。

＊

あなたは今まで魂の衝動と感覚で進んできました。

しかし頭脳レベルの理解が深まれば、人に伝えられる内容が拡大し、具体化します。

そしてあなたが生き証人としての自らを見せれば、人々の意識グレードが上がることに繋ります。

〝意識グレードが上がる〟とは、目の前の日常のみならず、地球規模への視野に拡大することです。

さらには、他生や多次元を視野に入れて熟慮できる意識になることです。

あなたのストーリーにはそれら全てが含まれているのですから。

＊

現在私たちは、今のあなたの頭脳には予測不能な未来を見据えています。

その未来を創るのもあなた自身です。

マヤナッツの使者であるあなたの意識が進化することによって、愛の濃度が深まり光は放たれます。眠っていた人々が目覚め、愛の種を育てる人が増え、より多くの光が地球に注がれていくでしょう。

＊＊＊

以上が今回マヤナッツ存在に確認した内容です。

私はこの言葉でようやく完全に理解できた。

ただし、当時の私はここまでは認識できていないまま、感覚に導かれて行動に出た。

＊

帰国してからの私はマヤナッツを次のステージへ押し上げる必要があると強く感じていた。

旅の中で幾度となくハートで感じた強烈な体験は、いつのまにか私の意識を上げていた。

チャネリングは辞め、真摯にマヤナッツ事業をやっていこうと思い直したのだった。

私の意識はマヤナッツを通じて人々に愛の意識を広めていくのだと、深部で感じたのだ。

それには、私自身がもっと謙虚になり、マヤナッツの価値をあるべき状態へ上げること。

私は次の項目を掲げ取り組んでいった。

＊

マヤナッツを新しいところへ広げよう。
マヤナッツを活かした商品開発をすすめよう。
マヤナッツを幅広い客層に使ってもらえるラインナップにしよう。
マヤナッツにふさわしい価格へとステージを上げていこう。

＊

私はマヤナッツを新しい地域へ広げるために、名古屋・北海道方面へのイベントに初出店し、得意先や客層を広げていった。

また、商品の種類はマヤナッツコーヒー風とパウダーとクッキーだけだったが、マヤナッツチャイ・ショコラテ・ジンジャーを開発した。

そもそもマヤナッツは、古代マヤ時代から常食され、近年では飢饉の時の非常食として使われていたのだ。

そのため栄養バランスを活かした開発を進め、グラノーラ、エナジーバーなどを商品化していった。

現在でもエナジーバーシリーズは着々とファンを増やしている。

次に着手したのはふさわしい価格に移行することだった。

現地の買取り価格は毎年上昇し、円高も進んでいたが、私は日本での販売価格を上げてこなかった。

しかし、マヤナッツの価値を理解し始めると、一〇〇グラム八〇〇円では安すぎると思うようになった。

マヤナッツに申し訳なかったと、しみじみ思った。最初の料金設定が安すぎたのだ。

それでも顧客や卸先のことを考えると値上げはとても怖かった。

「お客さんが離れるんじゃないか、売れなくなったらどうしよう?」不安と怖れでいっぱいになった。

しかし、このままでは適正でないと分かっていた。やるしかない。

迷いに迷ったが、結果的に八〇〇円から一〇〇〇円に値上げした。

踏み切るまでは怖かったが、いざ実行してしまうとなんということはなかった。

卸先はほぼ理解してくれ、客層は逆に広がったと思う。

こうして、次々と新しいステージへ移行していったのだ。

今、こうして振り返ると、自分のいのちよりも大事なマヤナッツを一旦手放したからこそできた上昇プロセスだったのだと思う。

第11章　見知らぬ人からやってきたマヤナッツの本来の意味

「私は何者なのか？」これは、私にとって長い間テーマだった。

「どうして、私が、マヤナッツを広めているのか？」

これまで書いてきたように〝森を守るため〟というのが、私にとって大きな理由だった。

しかし、それだけなのか？という。疑問も湧いてきていた。

森も守られ、マヤナッツはバランスに優れた栄養素があるからみんなにとって身体によいものだ。

そして、森と森に住む女性たちと私たちを循環しているフェアトレードでもある。

それも最初から謳《うた》ってきたことだ。

しかし〝それ以上の何かがある〟というのが、私の中で随分前から感じていたことだった。

だんだんとスピリチュアルなことに関心を持ち、自分の意識を変えて「この地球全体の人の意識を変えていけるように、私が出来ることをやりたい」と思うようになった。

それ故、マヤナッツをビジネスとして捉えていた私は、マヤナッツの仕事を他の人に任せてスピリチュアルな仕事をしていこうと思ったのだった。

しかしそのことが間違いだと気づき、マヤナッツの価値を今までとは違うと感じるようになり、それに見合ったものへとマヤナッツの上昇プロセスを踏んでいる頃、ある衝撃的な出会いがあった。それをこれから記そう。

二〇一六年初夏、九州で整骨院をしているKさんに出会った。

Kさんは、私にマヤナッツ（実）を治療に使ってみたいと取り寄せ、施術に実を取り入れるようになった。

Kさんの施術の詳細を言語化するのは難しいため、ここではそのイメージだけをお伝えする。

もともとKさんには独自のスタイルがあり、心、身体、意識にフォーカスした治療を原則にしていた。

そこにマヤナッツの波動を使い、意識の〝歪み〟を見つけて、その〝歪みを整える〟という方法を実践し、効果を実感したという。

波動・エネルギー・心・意識、目に見えない領域の治療は〝いわゆる〟科学で証明出来ないため、胡散臭いと思う人もいるかもしれない。

しかし誤解を恐れず書くことにした。これは、私とマヤナッツの本だから。

Kさんはマヤナッツの意識とつながった施術体験から〝マヤナッツの波動は愛のエネルギーで

ある〟と感じとり、それを私に伝えてくれた。

マヤナッツに入っているものが、〝愛〟と聞いて、私は、深く腑に落ち感動した。

私は、みんなに愛を感じてもらいたいとずっとずっと思ってきたからだ。

マヤナッツを飲んだり、食べたりした人が、時折、不思議な感想を伝えてくれていた。

マヤナッツを食べてほっこりした。家庭が円満になった。言葉も分からないような子どもが食べたい、飲みたいと手を出してくる。身体が、心が歓んでいるのが分かる。

食べた途端、号泣した。敏感な人はエネルギーを感じて、近寄って来られる。

逆に強いから飲めない。など、様々だ。

もちろん、栄養素にトリプトファン、ナイアシン、マグネシウムという特に重要な三つの精神の安定によいものが入っているというのもあるだろう。

栄養素だけではないものをみんなの感想から感じていた。

そして、私自身が一〇年以上も毎日摂り続けて、病気をしなくなった。

以前は精神が不安定で鬱傾向だったが、今や心は平安になり肉体的にも衰えを感じなくなった。

身体的な面だけでなく、精神的な要素の変化と意識の変化は、マヤナッツのエネルギーが栄養素的なものだけではないことを感じていた所以である。

そして、二〇一七年春、それを後押しするような出会いがまた起こる。

FBに友達が私とマヤナッツのことを紹介してくれたのがきっかけで泉ウタマロさんと出会った。

ウタマロさんは、すぐにマヤナッツ商品をネットショップから注文してくれ、同時にマヤナッツの実も分けてもらえないかと言われたので、それも加えて送った。

彼女は植物や自然界、異次元と会話ができる方で、＊マヤナッツ存在とコンタクトをしてくれた。その内容をブログに載せ、それに加えて瞑想意識で見えたビジョンを一枚一枚手描きの絵本にしてくれた。

それを読んだ時にもKさんからマヤナッツのことを聞いた時と同じように、深い魂の底からようやくそこに辿り着いた安堵のような歓びが湧きあがり、号泣した。

『マヤナッツは、すべてを知っていた。私が動かないのを見て、森が焼かれるのを私に見せ、そこから動き出せるように、計られていた。私がマヤナッツを広げていくために』

『マヤナッツの真意は、ここ地上にいる人々が魂レベルで自由に生きられるように解放する手助けをすることだった。

今の地球を宇宙から見て、自ら地上に種を落として存在することで、三次元世界の人々の意識が変化するようにと、それが、本来の意味だった』。表現は違うのだが、このようなメッセージを受け取ってくれたのだ。

これまでの年月、マヤナッツを広げる使命を感じ、コツコツと基本一人でやってきたが、ここにきて第三者によって今までベールに包まれていたものが明かされ、マヤナッツと直接つながってくれる人が現れたことにとてつもない驚きと歓びでいっぱいだった。

私は、自分の内側から湧いてくる魂の疼《うず》き、それに従っただけだった。

何か裏付けがあったから動いてきたわけではない。

これまでずっと、そうだった。それ故、簡単に理解もされないし、表現能力の乏しい私には上手く多くの人に伝える手段がなく、コツコツと地道にやり続けるしかなかった。

ビジネスのビの字も知らず、儲けとか、合理性とか、そんなこともあんなことも何も分からずただ、やりながら、その時その時に必要な助けを得ながら、一歩ずつ積み重ねてきた。

信じるものは何だったのか？　それは、自分の直感や感覚を通してのものしかなかった。

人には、理解不能であり、説明できないものだった。

時々、孤独に陥り、誰か一緒にもっと本気でマヤナッツを広めてくれる人はいないのか？と思うこともあった。

それが、こういう流れになってきたら、もう一人ではない、という感覚になった。

このマヤナッツのことを理解してくれる人が現れた。

私が表現できなかった感覚的なものを伝えてくれ、私とは違う方法でマヤナッツを使ってくれる人もいる。何と心強いことだろう。

もう一人ではない。これはとても大きなこと。

そして、地道にやってきたことが報われたような気がする。

マヤナッツにも『よくやってきたね』と言われたようだ。

「うん、いろいろなことがたくさんあったけどね。いつも守ってくれていたね。見えないけれどずっとサポートしてくれていたんだね。ありがとう」

私は会う人に「マヤナッツは単なる栄養豊富な実じゃないんです。みんなの魂にあなたが何者かを促してくれるそれをサポートしてくれるそんな実なの」と、伝えながら。

私は、これからも多くの人と泣いたり、笑ったり、へこんだりしながらもそれが魂の成長と思い、楽しんでいく。

ビジネスとスピリチャルという枠を超え、次元をも超えてマヤナッツをあなたに届けていく。

あなたの元にマヤナッツが届きますように。

＊〝マヤナッツコンタクト〟は泉ウタマロさんのブログよりご覧いただけます。

異次元ナッツコンタクト　マヤナッツからの言葉

https://ameblo.jp/izumiutamaro/entry-12253200634.html

貫かれた魂の意図　マヤナッツコンタクト　続編

https://ameblo.jp/izumiutamaro/entry-12255322356.html

第12章　メジャー入りのための痛切関門

二〇一八年八月、初めて大規模なオーガニック展示会二つに出展した。

それがきっかけで、事業を始めた当初から商品を扱ってもらえたらいいなと思っていたオーガニック業界では老舗のA社から取り引きの話がきた。

まだ事業を始めて間もない頃、東京都内のお店をリサーチしていた。その中のひとつがA社だった。

ここに置いてもらいたいと思い、電話するのが苦手な私が無謀にも商談のアポをしたことがある。電話先で「有機認証はありますか?」といきなり聞かれ、「ないです」と答えてそれで終わりだった。

商品の説明さえ出来なかった悔しい思い出がある。

一回目の展示会で、そのA社のバイヤーと名刺交換をした。「やった!」と内心叫びたいほど嬉しかったがその後何の返事もなく、「やっぱりだめだったのか」と諦めかかっていた。

二回目の展示会でまた同じ方が来て「マヤナッツを扱いたい」と言う。

私が何の説明もしていなかったのにも関わらず、バイヤーはすでに決めてきているようだった。

もう嬉しくて飛び上がりそうだった。

しかし、糠喜びにならないようにと思った。

何故かというと、これまでも多くの時間と手間をかけて書類のやり取りをした暁に、取り扱えないと理由もなく流れたことがあった。まだまだこれからだ、と気を引き締めた。


案の定たくさんの提出書類がやってきた。

ひとつひとつクリアにしていき、提出して戻り、修正して出して、のやりとりが続いた。

その上、デモ販売をして一カ月の売れ行きで商品の扱いが継続するか決まるという驚きの条件。

これだけの手間をかけて書類を作成したのだから、どうにか通したい。

「長年の夢を叶えたい！」と思った。

これが決まったら全国三〇店舗に広がる。


九月の後半と一〇月にデモ販売の日が決まった。

SNSでみんなに応援を呼び掛けた。

すると、うねりのように広がって多くの人がお店に足を運んでくれ、シェアしてくれた。

私が店頭に立つ日には、さくらになる人、そっとそばにいて手伝ってくれる人、友達を連れてきてくれる人、様々な形で多くの人が関わってくれた。

私は販売しながら手ごたえを感じた。

その様子は数字となって現れ、一カ月の試行期間を待たずして取り引きが決まったのだ。

そのひと月ほどは、マヤナッツムーブメントのようだった。

みんなが同じ思いで夢を叶えようとしてくれた。

夢は私個人のものではなく、マヤナッツをたくさんの人に知ってもらいたいという多くの人の想いになっていた。

A社での取り扱いは目標ではあったものの、それはひとつの入り口に過ぎない。

ゴールではなく、スタートなのだ。

メディアや大手広告は全くなしの人から人へ広がっていくマヤナッツ。


しかし大きなうねりと共にA社での販売が決まったものの、最初からスムーズにいかなかった。例えば、書類を出しても返答が遅い。電話をしてもコールバックがない。滞ってしまうことが度々起こった。

そして、ついに支払いが忘れられていた。そのことをメールや電話で聞いても埒が明かなかった。この間、進まなさに苛立ちを感じ、相手に見くびられているような腹立たしさもあった。それを打破するために私の中の何がこの状況を作っているのだろう?と自分と向き合った。

最終的に気づいたのは、私自身が人や会社と対等に付き合えていないということ。私は憧れたり、尊敬する相手と付き合うと、言いたいことを遠慮して言えなかったり、相手の顔色を伺ったりすることに気づいた。それは前にもあったことで、もう大丈夫だと思っていたのだが、出来ているかお試しテストがやってきたのだ。

私なりに一生懸命に必死で伝えているつもりでも、控えめ過ぎて伝わっていなかったのだ。夢にまで見たA社との取り引きがなくなるのは辛いことだし、向き合うのが怖かった。それでも、取り引きがなくなってもいいと覚悟を決め勇気をもって、毅然と伝えればいいだけの話である。

「失うものは何もない。怖れるな。突き進め」と自分に言い聞かせて直接社長に連絡をとり、ようやく話が通じ、滞っていたものが流れ始めた。

自分自身と向き合い、相手と対等に対峙することでブレイクスルーした痛切関門だった。

A社には私の課題を超えていく機会をもらったと感謝している。

この後、別のB社からもオファーがあった。

あまり下手にでないように対等につきあえるように注意しつつ、慎重に進めた。

今回は拍子抜けするほど難なく通った。

これまで積みかさねてきた実績を鑑みてもらえたのだ。

こちらは全国二千店舗ほどの小売り先があり、マヤナッツが全国に知れ渡り、今まで購入しにくかったお店の方々が購入しやすくなった。
今や私の知らない各地様々な店舗でマヤナッツが販売されている。
ようやく積年の夢が叶いメジャー入りを果たしたマヤナッツ。
これでマヤナッツのエネルギーが多くの方に広がっていく。

第13章　最終章―書籍完成までの長い道のり―

最終章となる13章は執筆中の裏話を盛り込みながら、時折勃発したシンクロやミラクルを振り返りつつ、素人の私がどのようにして本を完成して行ったのかをお届けします。

1　書籍化スタートは長い旅の始まりだった

この本を作ることになった経緯からお話したい。

二〇一七年春分、私が企画したグアテマヤ（二〇二〇年春分にマヤナッツカンパニーに改名）十周年アニバーサリーに、ウタマロさんとY出版社の方が参加され、私たちは初めて出会った。その際、彼らから「美保さんのストーリーはマヤナッツ本として出版すべきだ」とご提案頂いた。その日、イベントではウタマロさんがコンタクトし執筆した〝マヤナッツコンタクト〟を彼女自身が朗読した。

来場者からの反応も大きく、私はこの件も含め本にすべきだと強く思った。

その後、同年夏至の前、私はウタマロさんに今までの道のりをじっくりと話す機会を持った。私たちが二人で会うのはその時が初めてだった。

その際、彼女はこの本の核心部分に気づいたが、実のところ私はまだ気づいていなかった。

しかし私たちがストーリーを書籍化したいという具体的な創造はここがスタートになった。

さらに秋分前、Y社の編集者も含め三人で話し合いを持った。私はその時まで編集者が私のインタビューをまとめてくれるのだと思っていた。

だが実際はそうは甘くなかった。

私のストーリーはリアル体験者である私自身が執筆しなければ、読者に実感が伝わらないと言うのだ。

思わず私は呻《うめ》いた。私にとって文章作成は人前で話すよりさらにハードルが高かったから。

しかしウタマロさんと編集者の言い分は理にかなっており、他のどの方法よりも本人自身による直接執筆がこのストーリーにとってベストであるということは明らかだった。

とは言え「私自身が本を書く?!」。予想を覆《くつがえ》された話し合いに、私はのけぞるどころか腰が抜ける勢いだった。

唸っても叫んでもこの選択は避けられないと分かった。

しかしビビッてばかりいても進めない。

私は彼らに指南され大まかな見出しを立てて、それに沿って書き始めた。

それが二〇一七年暮れにかけての経緯で、当時の記録を見ると我ながら驚くほどの勢いで執筆を進めている。

小見出しごとに書いた原稿は、ＦＢの三人オンリーのグループに随時シェアし、みんなで文面を見てやりとりするスタイルが軌道に乗った。

ただし、ここから果てしない原稿修正が始まるなどとは、私は夢にも思わなかった。

＊

二〇一八年二月。三人で続けていた書籍制作が転機を迎えた。

私とウタマロさんの熱意や価値観と、編集担当者の意識に乖離《かいり》が生じていたのだ。

他にも事情があり、このままでは進めない状況だった。

私は考えた末、せっかく出版企画を提案してくれたＹ社の申し出をお断りし、出版社未定のままウタマロさんと共に自力で原稿作成を続行する道を選んだ。

けれどその無謀な決意は原稿にとって良いプレッシャーとなった。

なぜなら私は、自分のストーリーを理解してくれる新たな出版社を見つけるため、より完成度の高い文章を書く努力を始めたのだ。

しかし、同時にウタマロ監修の指摘は厳しさを増し、私は呻いたり泣きべそになったり鼻水を垂らしたり……の連続だった。

加えて、編集経験のある人の協力を仰ぎ、今後も三人体制で進むのが望ましいと、私たちは思った。

すると元フリーライターである〝ジローさん〟の顔が浮かんだ。彼はスロービジネススクール時代の仲間で、当時マヤナッツ本の話が出た時も協力したいと言ってくれた人だった。

その上、タイムリーなことに二〇一八年二月に私が案内するマヤ聖地の旅に参加することになった。

彼は私の申し出を受けてくれ、私たちは新たな三人体制で進むことになった。

最終的に彼は直接文章を構築する役割ではなく、私とウタマロさんのやりとりを客観的に見守る第三者として機能してくれた。

2　多発的に起こるシンクロニシティ

私は二〇一七年まで数多くのお話会を開催していたが、実のところカルロスについてはほぼ話さずにいた。封印していたと言っても過言ではない。

私にとって、彼が存在した道のりは肯定できるものではなかったからだ。

ところが、彼にまつわる経験談はマヤナッツ本に不可欠だとウタマロさんに再三言われた。

もちろん私は隠しておきたいから秘密にしていたわけで、詳細を明らかにするのは猛烈に抵抗があった。記憶が定かでない部分すらあった。

しかしウタマロさんは「この本はマヤナッツが主人公ではなく、美保さんとカルロスさんが主人公なのですよ」としつこいくらい言う。

彼女の気迫と説得に私も徐々に肚《はら》をくくり、彼との紆余曲折を原稿に盛り込む決意に至った。ところがさらなるハードルがあった。

なぜなら破天荒な彼のストーリーを書くには、カルロス自身に許可を得る必要がある上、彼は地上で最も連絡を取りにくい相手だった。

当時彼は、グアテマラの美しい湖沿いのマヤ先住民族が暮らす小さな村に住み、電気・ガスもない生活だった。

グアテマラに行けば連絡せずとも彼とはいつも偶然会えたため、電話番号もメールアドレスも知らなかった。

加えてグアテマラの郵便機能は完全ではなく、手紙のやりとりも不可能だった。

私は行き詰まってしまった。ようやく自分自身の覚悟が決まったというのに、彼と話が出来なければ執筆を進められない……。

何しろカルロス存在は、この本の大半を占めている超重要人物なのだから。

ウタマロさんとのミーティングの翌日、私は富士山のオフィスで途方に暮れていた。

……すると窓の外で笑って手を振る人がいる。

「おや？　誰だろう……？」次の瞬間、私は自分の目を疑った。

なんとそこに地球の裏側にいるはずのカルロスがいたのだ！

依然と変わらない笑顔で！

「オラ！　ミホ元気だった？」彼は優しげに言い、嬉しい驚きと懐かしさでいっぱいのハグをした。びっくりのシンクロに私の心は弾けそうになった。


彼が日本を訪れたのは、彼の彼女が妊娠しグアテマラに帰国した以来、四年ぶりだった。

彼ら一家は一カ月ほど日本滞在するのだと言う。

その間にカルロスは私のオフィスを訪ねてくれたのだった。

もちろん私は原稿について彼の意見を聞いた。すると快諾してくれた。

なんというシチュエーション！

答えが地球の裏側からやってきてくれて、窓の外に笑顔で立っているなんて！

ありがとうカルロス。

＊

二〇一八年三月。

私は2章の3を悩みながら書いていた。

その章は一九九一年～一九九二年の内容で、カルロスと初めて出会った時代である。

そもそも二七年も記憶を遡《さかのぼ》るのは容易ではなかった。

それなのにウタマロさんから、彼と出会った時の心情を可能な限りきめ細やかに表現するよう言われた。

この出会いは後々大きな展開につながるのだから、心の動きが非常に重要なのだと彼女は熱心に言う。

そして一人の女性としての率直な気持ちを盛り込むのは、読者にとってとても重要だと加える。

恋に落ちた瞬間を言語で表現するなんてできるのだろうか?

恥ずかしい、できない。嫌だ。恥ずかしい、できない、嫌だ……。

堂々巡りする気持ちに私は呻いた。

しかしながらウタマロさんに指摘されるのは当然だった。

当初の原稿は「出会った」としか書かれておらず、二人がどのようにして惹かれ合ったのか全く分からない文面だったからだ。

私は二七年前も日記を書いていたが、旅行中の盗難で失ったり、自分でも処分したりして大半は残っていなかった。しかし宇宙采配は抜かりなくやってきた。

この章を書いている間、捨てたはずの中南米の旅日記が思いも寄らぬ場所から登場したのだ!

まるでタイムカプセルで届いた参考書のように、それは過去の事実を明らかにした。

私は原稿と当時の日記を照らし合わせ、抜け落ちた重要な点に気づくことができ、記憶のすり替えがあったことも判明した。

人間は自分にとって都合の悪いことや認めたくないことは、記憶から抹消できる存在なのだと身をもって知った。

その上、その章を書いている間、二七年前グアテマラで知り合いになった日本人の友だちとSNS上で再会するというミラクルが起こった。

その友人はカルロスも知っており、やりとりするにつれ私の意識は当時のグアテマラに戻った。すると消えていた記憶を呼び起こされた。

こうして、私自身の力では到底思い出せない部分まで執筆できる態勢が外側から与えられ、私は恋に落ちた時代をようやく綴ることが出来たのだった。

＊

二〇一八年七月。

私は第4章の1を書いていた。内容は私がカルロスと人生を共にするか否か迷っていた時期のことだった。

信頼するリゴベルトから「土地を分けてあげるよ」と言われ、ここで暮らしていこうと思い森を購入したのもその時だった。

当時、私がその森の中に佇み「これから私はここで何をしていったらいいのでしょうか？」と、問いかけると『森を守っていくんだよ』と大地は答えた。

その部分の原稿を見直している途中、涙が激しく込み上げる事態に見舞われた。

これは一体何が起きているのか？　理由はすぐに分かった。

この章に取り組んでいる最中、リゴベルトから連絡があり、今まさに私が執筆している森の柵が壊され、違法に道が作られそうだと言うのだ。

事態を理解した私は即座に対応した。

柵を作り直すための見積もりを依頼し、すぐに送金して森の境界を再建してもらうことができたのだ。

その森は今では自生のラモンの木が生い茂りマヤナッツの森になっている。

この場所をどうするのか何も決めていないが、ただそこにあるだけで豊かな森になり、私の気持ちも豊かになっている。

土地を直接使っても使わなくても森を保護できることは、私にとってスピリットとの絆を守ることと同じなのだ。

私は原稿を通じ内部から湧き出てきた涙のサインによって、現在と過去のシンクロに気づいた。

そして大切な森が大事に至らないうちに対処することが出来たのだった。

＊

二〇一八年八月。

私は第6章に突入していた。

この章はカルロスが私にむけてくれた愛情と、カルロスを追いかけてきた女性とのいきさつが盛り込まれた章だが、原稿を書く段階においても、彼ら二人が私の人生に何をもたらしてくれたのか見極めることが出来なかった。

しかしながらとにかく何か書かないと前進できない。

そのため私は単純な経過だけを綴った原稿を書き、ウタマロさんにメールで送った。

ところが奇妙な現象が起きた。

私が何度送信しても、彼女は添付ファイルを開けないと言う。後で判明したのは、原稿がある程度の状態に到達していないと、ウタマロさんが目を通す前に〝パソコン自身がデータを拒否する〟というありえないパソコン機能によるものだった！

確かにその際の文面はあまりにも薄っぺらなものだったが、それにしても何と厳しい関門だろう！　私は舌を巻いた。もちろんウタマロさんが厳しいことは知っている。

だが、ウタマロさんが操作したわけでもないパソコンが、原稿を受け入れるか却下するかを判定するという、世にも奇怪な現象が起きたのだ！

ウタマロさんは何かにつけて以下のように言う。

「カルロスの存在が果たしてくれた役割をきちんと把握して書かなければ、この本の意味と価値は成り立たない。

読者はカルロスさんと美保さんの紆余曲折を読み、そのストーリーを自分の人生と照らしあわせて読み進めるはず。

この実話の物語は美保さん自身のために書いているわけではなく、読者がストーリーを通じ、自身の人生とシンクロする部分を見つけるの。

そして美保さんの気づきを読むことで、今までは見えてこなかった自分自身の人生の価値に気づき、苦悩の解放とあらたな変容が起こるわけ。

真の癒しは魂レベルの気づきだから。その役割をこのストーリーは持っている。

彼のいきさつを省略したり、具体的な部分をとばしたりしたら、読者は重要なポイントに気づくことができない。この本は美保さんのためだけに出版されるわけではないのよ。

読者のために存在するの。

美保さんはこの本のサブタイトルを〝マヤナッツ愛の道〟にしたいと言った。

その〝愛〟とは何なの？　カルロスさんと美保さんが苦悩の道のりを通じ、日本でマヤナッツ販路を開いた経験そのものが愛の道じゃないの？

マヤナッツ事業のサクセスだけ書いたら、それはただのビジネスストーリーになってしまう。

二人の物語が織り込まれるからこそ、この本は活きてくるの。そこを分かってほしい」

ウタマロさんの言い分はよく分かった。

（実は分かっていなかったことが、後々明らかになったのだが。）

とにもかくにも、過去の事象はすぐに思い出せるものでもない。

ウタマロさんからは度々「この時カルロスはどうしていましたか？ 美保さんはどう感じたの？」と突っ込まれ、私はその度「キオクニゴザイマセン」と返答していた。

困り果てた私が荷物の中を探すと、奇跡的に当時の日記が現れた。捨てたはずなのになぜ存在するのかいまだに分からない。とにかく宇宙の計らいに絶句することが度々起きた。

そして日記にはカルロスから離婚を言い渡された事実など、私の脳裏からは抹消されていた内容が綴られており、原稿を書き直す必要も出た。

私とウタマロさんは、ＦＢの三人用のスレッドコメント欄でやりとりを繰り返し、少しずつ過去の意義を解明していった。

一つの項目についてやりとりが一〇〇件以上に及ぶこともあった。

それでも埒《らち》が明かない場合、私たちは長時間電話で話し合い、当時の事情の裏側に潜んでいた意味を掘り起こすことに専念した。

さらにその章における核心部分が解明されない場合は、私が東京に出向き直接会って話し込んだ。

話し合いは全て録音し、私はそれを聞き直しつつ修正・加筆執筆を続けた。

特に6章は極めて難航したため、ウタマロさんが山梨にやって来て長時間話し合った。

そしてその後、私たちは本栖湖へ行った。

私はいつも行く人気の少ない湖畔で浅瀬に入り、インディアンドラムを片手に唄った。薄曇り空にドラムがこだまし、湖面には私の声が波紋していった。夏の涼しい午後で、ウタマロさんはその様子を動画撮影していた。

数日後のことだった。ウタマロさんがその動画を編集・映像作品に仕上げたと言う。

「私が映像作品に？　どういうことだろう？」

データは早速送られてきたが、私の内面は激しい抵抗感を示し、映像を直視することができなかった。

声、顔、唄う様子のすべてにたえられず、感情は悲鳴を上げた！

それなのにウタマロさんは可能ならＦＢやＹｏｕＴｕｂｅで公開したいという。

「みんなに見せる？　やめて～！　とんでもない！」。私の感情はパニックになった。

しかしそれと同時に、自分自身に向けている恐ろしいほどのジャッジに気づいた。

「ずっとそうだ、何も変わってないじゃん！」

スピリチュアル思考で魂に沿って生きると言いながら、基本部分が抜け落ちていた事実に愕然とした。

自身を厳しく判定し、ある部分においては見ることすらできない。

そうか……。そこを超えないと原稿も進まないのか。

そうこうしていると、ウタマロさんから「ごく近しい人だけに映像を見てもらって、彼らがどう感じるか訊いてみたら？」と言われた。

もちろん心理的ハードルはあった。しかし客観的な意見を聞くことで新しい展開があるかもしれないと思い、数人に見てもらった。

すると彼らは驚くべき感想を伝えてくれた。

「心の深いところに響いて、涙が出てくるよ」と言うのだ。

あまりにも意外な反応に私は不思議な感覚に包まれた。


その後私は、映像を拒否しようとする感情と、認めようとする感情に翻弄された。

しかし辛抱強くその嵐に耐えていると、少しずつ動画を見られるようになり、最終的にはSNSで公開するに至った。

するとここでも想定外の反応が得られた。

「心に深く響き、美しく、素晴らしい」

……という内容が相次いで寄せられたのだった。

この私が美しい？　その言葉にも驚いたが「いいね！」は急激に増え、閲覧件数はどんどん伸びた。（作品タイトル〝湖と共鳴する唄うたい〟ユーチューブのマヤナッツチャンネルで視聴可能です。）

〝美保〟という名前をもらいながら〝美しい私〟を受けいれ難かった自分。

「ほんとうに自分自身を心から祝福したい。他人からではなく、この自分から！」と強く願った。

すると一週間ほどかけて徐々に映像を受容できるようになった。

そして客観的に見られるようになると、私自身も波紋の中心にいる自分の姿を美しく感じられた。

それと同時に映像から流れる唄は私の魂を優しく包み、涙が溢れてきた。

*

この一件で気づいたことが二つある。

一つ目は「自分自身を率直に讃えることは、本来持っている力をより発揮できる糸口だ」ということ。

私が自分の価値を認めるのを私の魂は待っていたのだ。

自身への批判も抵抗もなくなれば、思考と行動領域は格段に広がり、魂はもっと自由自在に遊べるようになるはず。

そうなったらどれだけの可能性が開かれるのだろう。

魂はいつも私をやさしく許し、自由になれるように導いていた。

さらにもう一つ気づいたことは、私がマヤナッツとそのプロジェクトの発展に対して高評価を与え、カルロスやカルロスと付き合っていた自分に対しては酷評を下しているという事実だった。

「そうか、彼にまつわる経験を否定から肯定に変えなければ原稿が進まないのだ」その時ようやく分かった。

私とウタマロさんはその後も過去と現在を行きつ戻りつしながら、当時は分からなかった価値を見出し、その時の自分に光を当てていった。

そのプロセスは、まるで黒一色だったオセロを一つずつひっくり返して白にしてゆくような作業だった。

結果的に、二〇一八年八月に書き始めた6章はその年の十二月までかかってようやく完成した。

*

二〇一八年一二月。

私は7章の1を執筆していた。

その部分はスロービジネススクールで初めてのプレゼン内容だった。

私が書いた文章を読んだウタマロさんは言った。

「このプレゼンは本来一五分のはずだった。ところが様々な事象が起き、一〇分と言われ、実際には五分になってしまった。けれど五分になったからこそ、美保さんは準備していた原稿に頼るのではなく、自分の思いを全力で伝えることになった。

それこそが宇宙采配だった。だからプレゼンの準備段階のワクワクと裏腹に、予定が崩れてハラハラするリアル感が読者に伝わるように書くべき。そして、ラストでプレゼンが大成功する歓びを読者も共有できるように」と。

しかしこれも難題だった。短時間でジェットコースターのように変化する心情の言語表現は私にとって至難の技なのだ。

またしても私は頭を抱えたが、宇宙は私に救いの手を差し伸べてくれた。

何と当時のプレゼン下書き原稿が古い書類の中から発見されたのだ！

私はその原稿を読むことで、どれだけ必死で準備していたのか、ハートで感じることができた。

するとハートは熱い想いを文章に反映するよう手助けしてくれたのだ。

さらに、私がスロービジネス時代の内容を執筆しているとFB投稿したところ、プレゼン会場にいた仲間がコメントしてくれたのだ。

「大田さんがプレゼンした時のことを今も忘れない。衝撃的で感動的だった。プレゼンに大事なのは技術よりも想いを伝えることだと思った」

私は自分のプレゼンがどう伝わっていたのか？　あらためて知ることができた。

その感想は私に自信とパワーを与え、原稿をより具体的でリアルなものに書きあげられた。

こうして私はまたしてもシンクロに助けられ、難関を克服することができたのだった。

＊

私は7章の6を構築しようとしていた。

この部分は私が〝マヤナッツ〟という名称を商標登録しようと四苦八苦した経験談だが、書いている途中にも貴重なシンクロが起きた。

我がマヤナッツカンパニーも、二〇一八年後半以降、徐々に望んでいた会社と取り引きできるチャンスが増え、いよいよメジャーデビューになりつつあった。

マヤナッツが植物性の優れた栄養素を高含有していることや、〝マヤ〟というワードから興味を持ち、近づいて来る団体もあった。

しかしながら、本文でも書いたが、マヤナッツカンパニーは森を守ることと地球規模の幸せを最優先に掲げており、利益が第一目的ではない。

どんなに条件のいい提案でも互いの企業理念の一致が確信できなければ、提携することはできなかった。


そしてそんな折、7章6の原稿チェックしているウタマロさんから、ホームページに関する指摘を受けた。

ラモンの実を〝マヤナッツ〟と名付けたのはマヤナッツカンパニー代表である大田美保である、という一文がどこにもないと言うのだ。

私にとって名付け親が自分であることは当然で、わざわざ記述する必要を感じなかった。

だがウタマロさんは「たとえ商標登録がなくとも、日本で販路を開き、マヤナッツと命名したのは美保さん。それを明記することは今後においてとても重要」とかなりしつこい。

彼女は懇々と続ける。

「その名前を付けた人が誰で、どのような意図と願いが込められているのかはとても重要。もし名付け親と意図が不明の状態だったら名前だけが独り歩きしてしまう。

そして知名度が広まり、利益優先で販売しようとする企業が現れた場合、お構いなくその名称を使い、マヤナッツを普及しようと努力した元々の意味など忘れ去られてしまう。

幸いにも今はネットで〝マヤナッツ〟と検索した場合、マヤナッツカンパニーホームページがトップに出て来る。

だから現時点で命名したのは誰なのか、そして輸入パイオニアは何を志しているのか、アクセス者にきっちりと告知した方がいい。

私は将来のことを案じているの。その部分をあやふやにしたため後々悔しい思いをしたパイオニアたちを知っているから」と。

彼女は具体例を述べて説明した。確かにウタマロさんの言い分は一理あった。

そこで私はすぐにホームページにその一文を加えた。

第7章はこうして完成したのだが、その後大口の販売提携依頼などがあり、ホームページで名称誕生の由来について明記しておく重要性を私は徐々に実感した。

これも原稿を書き、その中で商標登録の項目があったからこそ気づいたことだった。

マヤナッツプロジェクトの将来にとって重要なシンクロだったと感じている。

＊

二〇一九年三月。

私は9章の1を完成させようとしていた。

その章はカルロスに新しい彼女ができ、その彼女があっという間に妊娠して、最終的に彼らはグアテマラへ旅立っていくという内容だった。

この章の構築も、私が過去に葬ってきた感情の蓋を開け、どす黒い苦悩をもう一度洗い直すというドロドロの作業だった。

ウタマロさんの追及はいつになく厳しく、私はノイローゼになりそうだった。

だが努力の検証の末、私は自分も彼らのことも肯定できつつあった。

そしてカルロスが新しいパートナーを見つけ、私の元から去ったからこそ、私が受け取ったギフトにも気づくことができて、古傷のような感情は徐々に解放されていった。

そしてそんな折、さらなるシンクロが起きた。

某テレビ局の秘境に暮らす日本人の番組に、カルロス一家が登場したのだ！

日本での放映後、私は友人の知らせでＹｏｕＴｕｂｅ経由から番組を見ることが出来た。

カルロス一家は、奥さんと彼女の連れ子の七歳の男の子、日本で妊娠しグアテマラで出産した五歳の女の子、そしてその後生まれた二歳の男の子の五人家族だ。

彼らは森の中に住み、自分たちの土地と家があるものの電気・ガスはない暮らしだった。

ゲストハウスを営んでいる様子だが、あてにできるほどの収入にはなっていないようだ。かろうじて水道はあるものの、洗濯できる設備はないので、奥さんは川で洗濯をしていた。調理はかまど。火加減が難しく、食材が黒焦げになったりしている。大雨が降れば寝室は水浸しになる状況……。


だがそんな中で一家はおおらかに暮らしていた。

庭は亜熱帯植物の宝庫。フルーツやコーヒー豆は一家の重要な食糧源になっている。

長男に当たる男の子は小学校へ通い、現地の子ども達に馴染んで楽しく遊んでいた。

そして「大きくなったらグアテマラでママみたいなゲストハウスをやりたい」と話す。

長女は取材中シャイな笑顔を振りまいていた。

次男に当たる二歳の男の子は自家製のコーヒーが大好き。

奥さんはサソリに二回刺されたとのことだった。

かつては湘南の瀟洒な家に住み、何不自由ない暮らしをしていた彼女にとって、ここに来た当初はありえないことばかりだっただろう。

彼女は「ガス台はあったんだけど、カルロスが仕事の資金にするため売り払ってしまったの」と話した。だが表情は険しくなかった。

それよりも日本とは何もかもが違う状況に必死で順応し、子どもたちを育てようとするひたむきな姿が見受けられた。

そしてカルロスにも変化が現れていた。

日本にいる間、彼は自分がやりたいことをし、稼ごうとしても実益に結びつき難い状況だった。だが今や彼は三児の父親になり一家の主だ。

カルロスは自分の発明でなんとか稼ぎを得ようと懸命だった。

元々の発明好きに加えてゴミ問題に目をつけ、家具を作る装置を発明し、村人が捨てるプラスティックゴミを集めて溶かしていたのには驚いた！

彼は出来上がったオブジェのような椅子を担いで隣村のレストランを回り、買い手をみつけていた。

何とかして家族のためにという涙ぐましい彼の姿だった。

日本にいる時より日本語が上手くなっていたのも印象的だった。

夜になると一家は小さなともし火の下、夕食を囲んでいる。

そこには見せかけではない幸せが宿っていた。

私はカルロスとその一家が懸命に生きている姿を微笑ましく思った。

そして心の中に残っていたしこりはすべて消え、彼らを心から応援したい気持ちが湧いてきた。

原稿を完成させるため、過去を見直していたまさにその時、一家のリアルを知ることによって、私はすべてを肯定できる境地に立てたのだ。

本当にミラクルなシンクロギフトだった。

＊

二〇一九年四月。

私は第10章の2を書いていた。

この章はマヤの聖地に赴いた私が、高次の存在とやりとりする場面である。

この中でその存在はこう言った。

『多次元に存在する貴女の叡智をみんなに伝えていってください』と。

私が「どうやったらいいのですか?」と質問すると、

『思い出していきます。知っていたことを思い出して伝えていくのです』と答えた。

ただし当時はそれがどのように具現化されるのか、分からずじまいだった。

＊

ところで、私は二〇一八年の前半から、ドラムを叩きながら唄うチャンスがあった。

それは個人向けにも発展し、その人の〝魂の唄を唄う〟というスタイルへと進化した。

私はインディアンドラムを片手に、本来の自分に出せる声域を超えた声を出し、聞いたことのないリズムやハーモニーを奏で、相手の魂を感じ取って唄った。

唄は言語ではなく、エネルギーとして私の内側から溢れ出るのだ。

相手が唄えるなら一緒に唄った。

私の奥から待っていましたとばかり、次々と湧き出てくる。

唄は一時間近くになることもあり、終わった後はクタクタだった。


唄もドラムも習ったこともないのに、最初からプロフェッショナルな自分自身に驚いた。

他生でやっていた以外考えられないほど自在だった。

個人向けでも公の場でも、私はチャンスがあればトライした。

けれどこれが一体なんなのか、核心を掴むことは出来なかった。

＊

話は冒頭に戻って、二〇一九年四月、私は10章を書いていた。

その時だった。私の中であやふやだった二つが結びついたのだ！
高次の存在の『思い出していきます。知っていたことを思い出して伝えていくのです』
……という言葉が〝魂の唄を唄う〟に繋がるのだと、突如私は得心《とくしん》したのだった。
これは大きな驚きであり、本を書いた成果だった。

実は以前も自分の内側から唄が溢れ出たことがあった。

それは第6章の4でマヤの儀式を受けた私がホテルに帰った後、抑えることができない意味不明の唄と涙が溢れた経験だったが、理由は分からないままだった。

あれから一三年が経っていた。


なぜ私の中で唄は眠っていたのか？

今はなんとなく分かる。

「唄を出してはいけない、隠しておかなければ殺される……」

おそらく他生に原因のある危機感と恐怖が、今生においても無意識の中に唄を溜めていたのだ。

だが、ようやくその唄を解放できる時が来たらしい。

私は、この本を書く中で今生のみならず、過去生へ意識を向けて来た。

そしてそこにあった価値と意義を明らかにし、多次元存在としての自分に確信が持てた。

私は執筆を始める前より格段に自分自身が好きになり、愛おしく感じるようになっていた。

その変化に伴って、隠されていた唄は殻を破って顕れたのだった。

高次の存在の示した内容と、唄が統合できたことは、私自身への祝福であり大きなギフトとなった。

＊

二〇一九年四月。

ウタマロさんからこの本のタイトルの提案を受けた。

「私とマヤナッツ—魂の伴侶のラブストーリー——」はどうですか？と言う。

「ラブストーリー？？？」。顔から火が出そうになった。

ところがウタマロさんは「ラブストーリー以外の何なのですか？」と涼しい顔で言う。

以前にも彼女から「この本はビジネスサクセス本ではなく、時空を超えた魂の繋がりと志、そしてロマンスです」と言われ、ロマンスという言葉に仰天した。

執筆後半に至っても、私はまだこの物語がラブストーリーである認識がなかったのだ。

そう言えばカルロスも「僕たちのストーリーを本にしたら面白いよね」と言っていた。

彼も「僕らのストーリーがロマンスでなくて何なの？」と言うだろうか？

私はあらためて原稿を見た。

そしてそこにあったものは、紛れもないロマンスだった！　私は再びつんのめった。

ただし一般的なロマンス本と違うのはすべてが実話であり、ストーリーが他生にまで及んでいることだ。

私は呻いた。ラブストーリーであることに間違いない。

だがこの言葉をタイトルに含めるのは恥ずかしい……。

しばし思考は停止したが、それ以上しっくりくるワードも思い浮かばなかった。

このようにしてマヤナッツ本は〝私とマヤナッツ――魂の伴侶のラブストーリー――〟と命名された。

＊

二〇一九年五月。

この時点でもまだ出版社は決まっていなかった。

焦っていた私は「決まらないのは私自身が原稿を面白いと感じてないし、自信がないからなのよ！」悲痛な叫びを上げた。

するとウタマロさんは冷静に言った。

「面白いかどうかは読者が感じることです。著者ではありません。それに美保さんはカルロスさんとのいきさつをイベントで話したことがないでしょう？　次のお話会で部分的に話してみたらどうかしら？　客観的な意見を聞くことで美保さんに自信ができるかもしれないから」

この時に至っても、私がマヤナッツお話会で彼について話したことはなかったのだ。

原稿は書けたものの人前で話すには心理的ハードルがまだまだあった。

私はしばし考え込んだ。

しかし、次に進める手立てはそれしかないように思え、私は勇気を振り絞って本のタイトルを掲げたイベントを開催した。

結果は想定外の反応だった。

参加者はマヤナッツを知っている人が多く、今まで聞いたことのないストーリー部分に期待して来てくれた人もいた。

そしてカルロスと私の物語を自分自身の経験に照らし合わせて感じ、深い感想をシェアしてくれたのだった。

私は彼女たちの感想に感動した。

さらに、イベントに関するFB投稿を見た人に出会うチャンスがあり、話し込んだ。

その際彼女は、カルロスが抱えていた問題を、詳細を聞くまでもなく察知していた。

そしてその上で、自分自身に起きた体験とのシンクロを切々と語ってくれた。

それはあまりにも苦しい体験だった。

だが私のストーリーを介し、彼女は次なる展望へ眼差しを向けているのは明らかだった。

これには私の方が驚いた。

ここでようやくウタマロさんが常々言っていたことが腑に落ちたのだ。

「読者はカルロスさんと美保さんとの紆余曲折を読み、そのストーリーを自分と照らし合わせて読み進めるはず。この実話の物語は美保さん自身のために書いているのでなく、読者がストーリーを通じ、自分の人生とシンクロする部分を見つけるの。

そして美保さんの気づきを読むことで、今までは見えなかった自分自身の人生の価値に気づき、苦悩の解放とあらたな変容が起こるわけ」

「そうか！　そういうことだったのか！　この本ってそういう本だったのね！」。ようやく自分が書いた内容の可能性を実感することができたのだ。そうと分かった瞬間、私の中で猛然と出版意欲が高まった。

私は鼻息荒く言った。

「一刻も早く出したいの！　とにかく早くみんなに届けたいの!!」

我ながら、たった二年前はカルロスについて書くことを頑なに拒んでいたとは思えない豹変ぶりである。

ことあるごとに「キオクニゴザイマセン」などと、カオナシのような無表情で答えていた自分をすっかり忘れた。

ウタマロさんはそんな私にツッコミも入れず思慮深く言った。

「とりあえず今書いている13章をパーフェクトに完成させることが先決。素人の美保さんがどのように原稿を構築していったかは、読者にとって興味深いと思うし、重要な章を振り返ってガイダンスすれば、読者の中にストーリーを深く届けられるから」

さらに加えて言った。

「出版日が未定でもお話会でカルロスさんとのラブストーリーは伝えられる。今すぐできることをやりましょう。次のお話会はいつ？」

「八月二十五日」。私は答えた。

それが二〇一九年八月のことである。

*

その後、二〇一九年一一月のことだった。

ふとSちゃんの顔が浮んだ。彼女は数年前に若くして亡くなった友人で、死の寸前までマヤナッツの事業のことを気にかけてくれていた。するとその夜、彼女が夢に現れ「Kに聞いてごらん」と言った。KさんとはSちゃんの元パートナーだった。

その夢をみた翌朝、私は東京港に到着しているマヤナッツの輸入通関手続きと荷受けの予定を組んでいたのだが、まさにそのKさんに運転をお願いしていたのだ。

道中、Kさんにその話をすると、思い当たるのは○○出版だという。

私はすぐさまその会社をリサーチしアクションした。だが、出版には至らなかった。

私は気落ちしたが、その会社とのやりとりの中で加筆すべき重要な点に気づくことができ、原稿は完全に完成した。

Sちゃんはマヤナッツ・ストーリーが、より理想的に、そして多くの人に分かりやすく届けるためのサポートをしてくれたのだと思った。

それが二〇二〇年二月のことだった。

最終的に、自分の本棚にあった、リスペクトできる本を刊行した出版社へアクションしたところ、めでたく受理された。紆余曲折あったわりに最後はあっけなく決定したのだ。

私を導いてきたマヤナッツが『ちゃんと書けたからもーいーよー』と言っている気さえした。

こうして私は亡き友からの異次元経由での助けもかり、この本を作り上げることができた。

二〇二〇年五月に正式に出版が決まり、一一月一五日に刊行される運びとなった。

3　おわりに

この原稿を書くにあたり、すべてにおいて足枷になっていたのは、自分自身を良い部分と悪い部分に分け評価する意識だった。

その結果、自分にもカルロスにも厳しくジャッジを下し、私は全般的に自己評価が低く、人生の多くの部分に落第点をつけていた。

しかしながら最後の章になってようやく、過去も含め自分自身のすべてが素晴らしいのだと感じられるようになった。

執筆の道のりは封印していた記憶をこじ開け、悪夢のような感情と向き合い、再び痛みを感じるという拷問のような行為だった。

さらにその苦悩は何をもたらしてくれたのか抽出しようとするプロセスに、発狂しそうな時すらあった。

しかしコアにあった価値と真実に気づくことで痛みは昇華していった。

長きにわたった執筆の間、私はクヨクヨへこんだり、メソメソしたりを繰り返した。

そして想定外の気づきに歓喜したりもした。

そんな時、救いだったのは、友達やSNSのつながりや出会った人たちだった。

彼らからのエールは、ノイローゼ気味の私にエネルギーを与えてくれた。

出版社も決まっていないのに、十冊もの予約をいれてくれた人すらいた。

＊

みなさま本当にありがとうございました。

ようやくこうして出版できました。
最後に短い詩を綴り、この本を締めくくろうと思う。

魂レベルで自分を見られなかった私。
私の魂の成長記録のようだ。
今ならカルロスの言葉もそのまま受けとれるだろう。
私から愛おしい私へ。
よく頑張ったね。
ほんとにすごいよ。
愛しているよ。
かわいいよ。
素敵だよ。
誇りに思うよ。

おわり

監修あとがき

泉ウタマロ

この長い物語のラストにおいて、作家である私がなぜ執筆作業をサポートしたのかお伝えしようと思います。

原稿制作中私は厳しい鬼監修でしたが、それは過去生に起因します。

今生で私と美保さんが出会ったのは二〇一七年の春分でした。

その際私は、彼女との他生縁に気づきましたが、美保さんご自身が気づいたのはそれからずっと後のことです。

ただし、原稿制作中は二人の過去生について詳しく知るのを私は避けました。

知ってしまうとさらに厳しい監督になるだろうと予想されたからです。

やがて原稿が出版社に渡った段階で、私は私たちが過ごした他生で何があったのかを、過去生トラベルで「観る」ことにしました。

その内容をできるだけシンプルにかつリアルにお伝えしてあとがきといたします。

＊＊＊

むかしむかし、湖のそばにマヤの森がありました。

そしてその森の集落には幼い姉妹が暮らしていました。

妹は三歳～四歳で美保さんの過去生。姉は六歳ほどで過去生の私でした。

生まれつき天真爛漫《てんしんらんまん》な妹は怖いもの知らず。自分で作ったデタラメ歌を大声で歌いながら一人で森の奥へ行ってしまいます。

両親は集落で仕事をしていましたから、妹のお守りは姉である私の役目でした。


ある時、深い森の奥に入って行くと、周囲が薄暗くなり異様な気配が満ちました。

さすがの妹も緊張し息を呑んで立ち尽くしています。

やがて霧の姿で精霊が現れ妹に言いました。

「アヌン○○。お前は人々を導く者だ。それは生まれる前から決まっていたことだよ、忘れないように」

「お前は（姉に対し）アヌン○○の守り人だよ、わかったね」


精霊の言葉はそれだけでしたが幼い姉妹に深く浸透したのです。

(○○部分は現地特有の発音のためはっきりと捉えることができませんでした。ただしこの文面では以降、妹の名を「アヌン」として記述いたします)

＊

次に観た場面では時間が進み、姉妹は成人していました。

アヌンはすでに女性シャーマンとして皆から認められていました。

王家にも仕えていましたが、彼女は村で暮らすことを選び独身でした。

アヌンはことあるごとに湖に膝下まで浸かり、岸に集まる村人に語りかけます。

そして太鼓を叩きながら歌い、人々の意識を感化するのでした。

姉は結婚し、元いた集落からさほど遠くない島に住んでいましたが、離れていても妹の様子を観る遠隔視力がありました。

姉妹はテレパシーでコンタクトしていたのです。

＊

さらに時は進み、大きな転換点がやって来ました。

森の向こうから大火事がやって来たのです。

火は何日もかけジリジリとこちらに迫ります。集落ではこの森と村を捨てて逃げるべきか否かの議論が始まっていました。

するとアヌンが申し出たのです。

「火の精霊は理由があって猛火を放っているはずだ。私はそのわけを知りたい。そして炎を鎮《しず》めてくれるよう精霊に祈りたい。私は炎に近い湖のほとりで一晩を明かす。誰も近寄らないように」

夜になると闇の中にゴウゴウと烈火が燃え立ちます。

アヌンは集落から離れ、太鼓を叩いて精霊に歌い始めました。

その声は驚くほど大きく、朗々と響き、島にいる姉にもはっきりと聞こえました。

炎が強くなるとアヌンの声も大きくなります。

気迫に満ちた歌と祈りは、彼女が命がけで精霊と対峙《たいじ》していることが姉にはよくわかりました。


とうとう朝になり太陽が差して来ると、アヌンの声が途絶えました。

姉は小舟に乗り、集落へと急ぎます。

村人たちはアヌンを迎えに行き、湖岸に倒れていた彼女を担いで来ました。

アヌンは生きていましたが意識が朦朧《もうろう》としています。

姉の太腿を枕に横たわったアヌンは微かにまぶたを開けて言いました。

「姉さん、火は消えた？」

姉が森を見やると炎は消退しつつありました。集落と森は守られたのです。

数日後、体調が回復したアヌンは火の精霊が何を伝えて来たのかを人々に話しました。

「精霊は言った『マヤの民が経験したことのない未曾有《みぞう》の災いが襲来《しゅうらい》する。それは強大でマヤの森と民に惨禍《さんか》をもたらすだろう』と。あの大火事は暗示だったのだ。

それがいつ来るのかはわからない。すぐなのか、それとも我々の子や孫の時代なのか、あるいはもっと先なのか。

そしてその惨禍が何なのかもわからない。我々が未経験の何か、なのだから」

村人は動揺して聞き入りました。

アヌンは続けます。

「ただしわかっていることがある。その未曾有の災いを生き延びるには、皆が意識を変えること。そして森を守ることだ」

ところがこの言葉の意味は難しく、皆が理解するには限界がありました。

別の部族が攻めてくると解釈し武器を作る者もいました。

＊＊＊

過去生トラベルで観た内容はここまでです。

地理的な場所を美保さんに確認すると、推測される場所として集落はヤシャ、島はトポシュテだろうとのことでした。

（トポシュテはラモンの実、という意味で実際に今もたくさんのラモンの木がある）

歴史的に鑑みると「未曾有の災い」とはスペイン人による侵略でした。

そしてそれは姉妹がマヤの森で生きていた時代よりずっと後でした。

けれどもマヤの地で転生を繰り返した美保さんの魂にとって、マヤの大地を守りきれなかった悲憤《ひふん》は命の中に刻まれました。


今生において美保さんは、人々に対し意図を的確に伝える大切さと難しさを課題に、日本人として転生しました。

彼女の魂の祈りは単純に森を守ることだけではありません。

森・そこに生きる動植物・人々・湖・川・海・・・。

要するに惑星地球全体を〝尊ぶ〟想いが根底にあります。

それを起点に、人類が自ら自身と、惑星地球全体に対し敬愛を深めて欲しいと希求しています。


「未曾有の災いを生き延びるには、皆が意識を変えること。そして森を守ることだ」

これは現代にそのまま通じる言葉です。

しかしながら頭脳レベルの情報だけでは人の内面には響きません。

彼女は過去生で培っていたカリスマ性を資質の奥にしまい込み、表面上は内向的で自信のない女性として人生の前半を歩みました。

そして自らの変容の軌跡をリアルに伝えることにより、人間の意識アップグレードに尽力しているのです。

私は過去生では姉として、今生では監修として、ある時は優しく、ある時は厳しく彼女をサポートしたのでした。

長いあとがきになってしまいましたが、私たちの魂の縁によってこの書籍が完成できた詳細をお届けできて幸いです。

■著者プロフィール

大田美保（おおた　みほ）　株式会社マヤナッツカンパニー代表取締役
福岡県生まれ。山梨県富士山麓在住。26歳の時、アパレル業界を辞めバックパックでインドの旅に出た。その後1991年、中南米の旅でグアテマラと魂のパートナーに出会う。マヤの世界に魅せられ虜になったが、燃やされてゆく森に衝撃を受け、マヤナッツで森と人を守るフェアトレードを起業。ビジネスとスピリチュアルを統合した独自の道を探求し、マヤナッツの真価の普及に力を注いでいる。大地と天とつながり、魂の声を聴いて生きることを実践。世界中の旅人が訪れるマヤナッツハウスで愛猫アミと二人暮らし。
https://www.facebook.com/miho.ota.52
https://www.instagram.com/mayajoylove/

■株式会社マヤナッツカンパニー 事業概要

2008年創業。ラモンナッツをグアテマラから輸入し、日本初マヤナッツの商品開発と製造を行う。日本国内へ卸売りを展開。販路を広げるため、オーガニック、エコロジー、ベジ系などのイベントに多数出展。全国各地でマヤナッツのお話会、講演活動を行う。創業当初から障がい者施設と女性グループとの協同で仕事のシェアをしている。マヤ聖地の旅でマヤへの橋渡し役も担っている。
https://www.mayanuts.jp
https://www.facebook.com/mayanuts/
https://www.instagram.com/mayanuts/

■監修者

泉ウタマロ（いずみ　うたまろ）

私とマヤナッツ
魂の伴侶のラブストーリー

二〇二〇年十一月十五日　第一刷発行
二〇二三年十二月十五日　第二刷発行

著　者　大田美保
監修者　泉ウタマロ
発行者　向原祥隆
発行所　株式会社 南方新社
〒八九二―〇八七三　鹿児島市下田町二九二―一
電話　〇九九―二四八―五四五五
振替口座　〇二〇七〇―三―二七九二九
URL　http://www.nanpou.com/
e-mail info@nanpou.com

印刷・製本　株式会社朝日印刷
定価はカバーに表示しています
落丁・乱丁はお取り替えします
ISBN 978-4-86124-434-6 C0026